Lehrbuch der Elektrotechnik

IV. Band

Rechenbeispiele

Von

Dr. techn., Dr.-Ing. habil. Günther Oberdorfer

ordentl. Professor an der Technischen Hochschule Graz

Mit 114 Bildern und 3 Tafeln

MÜNCHEN 1952

VERLAG VON R. OLDENBOURG

Vorwort zum vierten Band

Ein grundlegendes Lehrbuch der Elektrotechnik muß dem Leser oder Studierenden neben einer gründlichen Beschreibung der Theorie die Möglichkeit bieten, das erarbeitete Material durch ausführliche Durchrechnung von Zahlenbeispielen zu festigen und damit eine gewisse Routine in der Behandlung von praktisch auftretenden Problemen zu erzielen. Diesem Zwecke dient der vierte Band meines Lehrbuches. Es gibt zwar eine Reihe von Aufgabensammlungen, doch beschränken sich diese fast durchweg auf Spezialgebiete, ohne den Gesamtkomplex der elektrischen Grundlagentechnik zu umfassen, was aber gerade für den Studierenden von größter Bedeutung ist. So glaube ich, daß dieser Band eine bestehende Lücke im Schrifttum ausfüllen wird.

Die Stoffeinteilung folgt in großen Zügen dem ersten Band und enthält in jedem Hauptabschnitt im allgemeinen mehrere Zahlenbeispiele, die von einfachen zu schwierigeren Aufgaben ansteigen. Dabei sind diese Beispiele vollständig durchgerechnet, so daß der ganze Berechnungsgang leicht verfolgt werden kann. Dazwischen sind aber auch Aufgaben eingestreut, die nicht durchgerechnet werden, jedoch das Ergebnis angegeben haben. Sie dienen zur Kontrolle der erreichten Sicherheit des Lesers. Die durchgerechneten Beispiele werden in jedem Kapitel fortlaufend numeriert. Die nicht durchgerechneten sind durch kleine Buchstaben an den Ordnungszahlen gekennzeichnet.

Im wesentlichen enthält die Sammlung die Beispiele, die ich während meiner Lehrtätigkeit an der Technischen Hochschule in Berlin-Charlottenburg in den Rechenübungen behandelte, also Beispiele, deren didaktischer Wert sich bereits erwiesen hat, so daß ich glaubte, diese Sammlung der Nachwuchsgeneration nicht vorenthalten zu dürfen. Aus diesem Grund erscheint der vierte Band noch vor dem dritten, zu dessen Fertigstellung die heutigen Verhältnisse noch nicht die nötige Sammlung und Ruhe aufkommen lassen.

Zur Erleichterung des Studiums geht jedem Hauptkapitel eine kurze Wiederholung des allgemeinen Stoffes voraus, die es auch den Nichtbesitzern der beiden ersten Bände ermöglichen werden, die folgenden Beispiele mit Nutzen durchzuarbeiten, wenn er dem Stoff nur nicht völlig fremd gegenübersteht. Am Ende jedes Beispieles ist ferner ein Hinweis auf die einschlägigen Kapitel der beiden ersten Bände angefügt, der eine rasche Unterrichtung in Detailfragen sicherstellt.

Ich hoffe, daß die Fachwelt die vorliegende Ergänzung der drei Hauptbände des Lehrbuches begrüßen wird, und werde stets für Hinweise auf vorhandene Mängel dankbar sein.

Der Verfasser.

Graz, Sommer 1951.

Vorwort zur ersten Auflage

Die vorliegende Auflage ist eigentlich schon eine zweite Auflage, da der erste fertige Druck seinerzeit durch Kriegseinwirkung samt den Unterlagen vollständig vernichtet wurde. Erst jetzt ist es gelungen, die Unterlagen wieder zusammenzustellen und neu zu setzen. Dabei hat sich der Verlag Oldenbourg in dankenswerter Weise bemüht, den Druck möglichst rasch und in der vorliegenden guten Form herauszubringen. Bei manchen Aufgaben ist ein Hinweis auf den 3. Band erwünscht; da dieser noch nicht vorliegt, wurde lediglich der Hinweis auf den 3. Band angeführt, ohne jedoch die dazugehörigen Paragraphen zu nennen.

Für die Durchsicht der Korrekturen bin ich meinem Assistenten, Herrn Dr. Schwarzer, zu Dank verpflichtet, dem ich auch wertvolle Anregungen verdanke. Desgleichen haben auch meine ehemaligen Oberingenieure Dr. Blankerts und Schwiedetzky wesentlichen Anteil an der Ausgestaltung vieler Aufgaben.

Der Verfasser.

Graz, Sommer 1951.

Inhaltsverzeichnis

§ 1 Einführung

§ 11 Anordnung und Auswahl der Aufgaben

Eine starke Gliederung einer elektrotechnischen Aufgabensammlung ist — soll die Sammlung das Gebiet weit umfassen — nur durch sehr großen Raumaufwand möglich. Das steht aber wieder dem Zwecke einer solchen Sammlung, daß nämlich ihre Beispiele wirklich durchgerechnet werden, entgegen. Andererseits ist es aber möglich, mehrere Gebiete in einzelne Aufgaben zusammenzufassen und so doch mit einer nicht allzu großen Aufgabensammlung auszukommen. Eine gröbere Orientierung kann dann etwa durch eine Einteilung nach den charakteristischen Feldbegriffen, elektrostatisches Feld, Strömungsfelder, veränderliche Felder usw. vorgenommen werden. Diese Teilgebiete sollen mit §-Nummern bezeichnet werden, innerhalb deren die Aufgaben in einer Art Dezimalsystem beziffert sind.

Die Aufgaben selbst setzen natürlich die Kenntnis der Grundlagen der Elektrotechnik und der mathematischen Behandlung voraus. Diese müssen aber nicht etwa durch Band I bis III erworben worden sein. Die Behandlung ist vielmehr so allgemein gehalten, daß sich der Leser, auch ohne diese Werke im besondern durchgearbeitet zu haben, zurechtfinden wird. Für alle Besitzer der Bände I und II*) wird aber bei jeder Aufgabe durch einen Hinweis auf die einschlägigen Abschnitte die reibungslose und schnellstmögliche Verbindung zum Nachlesen der Grundlagen ermöglicht. Die Hinweisziffern erhalten Band- und Kapitelnummer. I—2117,17 bedeutet z. B. Kapitel § 2117.17 des ersten Bandes. II—(143,6/8) die Gleichung 8 im Kapitel § 143,6 des zweiten Bandes. Diese Hinweise werden am Ende jeder Aufgabe gemacht.

In den einzelnen Abschnitten folgen auf erste, einfache Aufgaben solche mit zunehmender Schwierigkeit. Jedem Leser ist damit die Möglichkeit gegeben, bei einer bestimmten Schwierigkeitsstufe abzubrechen.

Aus jedem Hauptabschnitt wurden ein oder einige wenige Beispiele vollständig durchgerechnet. Um dem Leser die Möglichkeit zu selbständiger Arbeit zu geben, sind fallweise weitere Beispiele angegliedert, die aber nur die Aufgabenstellung und zur Überprüfung die Lösung enthalten. Ihre Zugehörigkeit zu vollständig durchgerechneten Aufgaben ist aus der gleichen Bezifferung zu ersehen; Sie werden aber von jenen durch Hinzufügen eines Buchstabens gekennzeichnet.

Jedem größeren Kapitel ist ferner eine schlagwortartige, kürzeste Zusammenstellung der einschlägigen Grundgesetze vorangestellt. Dies soll und kann nicht

*) Die Angaben beziehen sich auf die 3. bis 5. Auflage.

das Studium der betreffenden Gebiete ersetzen und hat nur den Zweck, das Wesentliche des Gebietes wieder in Erinnerung zu bringen, wenn es bereits einmal durchgearbeitet worden ist.

§ 12 Maßsystem, Einheiten, Bezeichnungen

Im vorliegenden Buch werden ausnahmslos *Größengleichungen* verwendet, das sind Gleichungen, in denen die Buchstaben an Stelle physikalischer Größen stehen. Bei der zahlenmäßigen Durchrechnung sind diese Buchstaben durch das Produkt aus Zahlenwert *und* Einheit zu ersetzen. Dabei ist die gewählte Einheit völlig freigestellt. Irgendwelche Maßsystemprobleme werden damit selbsttätig vermieden. Man rechnet dann so, als ob die Einheiten ebenso algebraische Zahlen wären wie die übrigen Zahlenwerte. Im Endergebnis bringt man aber Einheiten gleicher Dimension auf dieselbe Basis, um mögliche Kürzungen und Zusammenziehungen durchführen zu können. Die Beispiele im folgenden Abschnitt werden dies im einzelnen näher erläutern.

Dort, wo in den Ergebnissen Einheiten gebraucht werden, sind diese meist dem Maßsystem *Kalantaroff-Giorgi-Mie* (natürlichem Maßsystem*) entnommen, ohne aber daß an dieser Richtlinie unbedingt festgehalten worden wäre, da bei Verwendung von Größengleichungen grundsätzlich alle möglichen Einheiten gleichberechtigt erscheinen. Wo Dimensionsangaben nötig sind, werden sie ebenfalls nach diesem Maßsystem gemacht, das ein vierdimensionales Maßsystem mit zwei elektrischen Grunddimensionen ist.

Der Begriff der Spannung wird durchweg im physikalischen Sinne einer elektromotorischen Kraft gebraucht, so daß das zweite Kirchhoffsche Gesetz in der Form $\Sigma U = 0$ geschrieben werden kann. Die in den Widerständen auftretenden Gegenspannungen (gegenelektromotorischen Kräfte) werden durch Multiplikation der Ströme mit den entsprechenden Widerstandsoperatoren erhalten. Die Wahl positiver Richtungspfeile in den Ersatzschaltbildern ist damit völlig freigestellt.

Vergleiche Band I: § 12,1. § 12,4. § 2221,3. Band II: § 21,2.

§ 13 Rechenbeispiele zu § 12

Aufgabe 13-1

Der Widerstand eines homogenen, elektrischen Leiters errechnet sich aus der Gleichung

$$R = \varrho\, l/F.$$

Wie groß ist er im Sonderfall mit

$$\varrho = 0,02 \cdot 10^{-4}\,\Omega\,\text{cm},$$
$$l = 5\,\text{km},$$
$$F = 2\,\text{mm}^2 ?$$

---

*) Siehe Tafel I

L ö s u n g : Setzt man die Zahlenwerte in die allgemeine Gleichung ein, so wird

$$R = 0{,}02 \cdot 10^{-4}\,\Omega\,\mathrm{cm}\,\frac{5\,\mathrm{km}}{2\,\mathrm{mm}^2} = 0{,}02 \cdot 10^{-4} \cdot \frac{5}{2}\,\frac{\Omega\,\mathrm{cm\,km}}{\mathrm{mm}^2}.$$

Rechnet man den Zahlenwert aus und ersetzt man alle Längeneinheiten durch die gleiche Einheit, z. B. cm, so wird mit

$$1\,\mathrm{km}\ = 10^5\,\mathrm{cm},$$
$$1\,\mathrm{mm}^2 = 10^{-2}\,\mathrm{cm}^2$$

$$R = 0{,}02 \cdot 10^{-4} \cdot \frac{5}{2}\,\frac{\Omega\,\mathrm{cm}}{10^{-2}\,\mathrm{cm}^2}\,\frac{10^5\,\mathrm{cm}}{} = 50\,\Omega.$$

Aufgabe 13 - 2

Ein Gleichstrommotor wird durch einen Pronyschen Zaun abgebremst. Wenn die Waage einspielt, ist das Drehmoment des Motors gleich dem durch das Gewicht P und den Hebelarm l gegebenen Moment, und es gilt

$$U I \eta = P l 2 \pi n.$$

Wie groß ist die Stromstärke I, wenn folgende Werte gemessen wurden?

$$P = 0{,}5\,\mathrm{kp},$$
$$l\ = 80\,\mathrm{cm},$$
$$n\ = 1200\,\mathrm{U/min},$$
$$U\ = 110\,\mathrm{V},$$
$$\eta\ = 90\,\mathrm{vH}.$$

Für die Umrechnung sei noch daran erinnert, daß[*])

$$1\,\mathrm{m\,kp} = 9{,}81\,\mathrm{Ws} = 9{,}81\,\mathrm{VAs}$$

ist.

L ö s u n g :

$$I = \frac{2\pi P l n}{\eta U} = \frac{2\pi \cdot 0{,}5 \cdot 80 \cdot 1200}{0{,}9 \cdot 110}\,\frac{\mathrm{kp\,cm}}{\mathrm{V\,min}} = 3045\,\frac{\mathrm{kp\,cm}}{\mathrm{V\,min}} =$$

$$= 3045\,\frac{10^{-2}\,\mathrm{kpm}}{60\ \ \mathrm{V\,s}} = \frac{3045 \cdot 10^{-2} \cdot 9{,}81}{60}\,\frac{\mathrm{V\,A\,s}}{\mathrm{V\,s}} = 4{,}98\,\mathrm{A}.$$

*) Siehe Band 1, § 12,2.

§ 2 Elektrostatik

§ 21 Einführung

Ein elektrostatisches Feld wird von in Ruhe befindlichen elektrischen Ladungen aufgespannt. Es wird beschrieben von den Feldvektoren

Feldstärke $\mathfrak{E}$ und

dielektrische Verschiebung $\mathfrak{D}$,

die einander nach

$$\mathfrak{D} = \varepsilon \, \mathfrak{E} = \varepsilon_0 \, E \, \mathfrak{E}$$

verhältnisgleich sind.

Die Feldstärke beschreibt die auf die positive Einheitsladung ausgeübte Kraft, womit die Kraft auf die Ladung Q

$$\mathfrak{P} = Q \, \mathfrak{E}$$

ist, während der Verschiebungsvektor Größe und Richtung der größten Influenzwirkung auf eine leitende Fläche der Größe 1 angibt. Demnach wird auf der Fläche F die Menge

$$Q = \int_F \mathfrak{D} \, \mathrm{d}\mathfrak{f}$$

influiert.

Im elektrostatischen Feld gilt

$$\mathrm{rot} \, \mathfrak{E} = 0 \, .$$

Die Feldstärke ist demnach von einem skalaren Potential φ

$$\mathfrak{E} = - \, \mathrm{grad} \, \varphi$$

ableitbar, dessen Differenz zwischen zwei Punkten

$$U = \varphi_1 - \varphi_2 = \int \mathfrak{E} \, \mathrm{d}\mathfrak{s}$$

als elektrische Spannung definiert wird.

Es gilt ferner das Kraftgesetz

$$\mathfrak{P} = \frac{1}{4 \, \pi \, \varepsilon} \frac{Q_1 \, Q_2}{r^3} \, \mathfrak{r}$$

für zwei sich im Abstand r voneinander befindliche Ladungen Q_1 und Q_2.

Ladungen tragende Körper, zwischen deren leitenden Teilen eine Potentialdifferenz (Spannung) besteht, bilden Kondensatoren, die Ladungen speichern können. Das Verhältnis ihrer Ladung zur angelegten Spannung ist die Kapazität des Kondensators

$$C = Q/U \, .$$

Elektrostatische Felder werden vorzugsweise durch Feldlinien ($\mathfrak{E}$-Linien oder $\mathfrak{D}$-Linien) und diese orthogonal schneidende Äquipotentialflächen dargestellt. Zu ihrer Ermittlung geht man von der Potentialgleichung

$$\Delta\varphi = 0$$

aus. In komplizierteren Fällen bedient man sich dabei der Methode der konformen Abbildung.

An ungeladenen Grenzflächen gelten in homogenen Medien die Gleichungen

$$\text{Div}\,\mathfrak{D} = \mathfrak{D}_{n2} - \mathfrak{D}_{n1} = 0; \qquad \text{Rot}\,\mathfrak{E} = \mathfrak{E}_{t2} - \mathfrak{E}_{t1} = 0,$$

$$\text{Rot}\,\mathfrak{D} = \mathfrak{D}_{t1}\frac{\varepsilon_2 - \varepsilon_1}{\varepsilon_1}; \qquad \text{Div}\,\mathfrak{E} = \mathfrak{E}_{n1}\frac{\varepsilon_1 - \varepsilon_2}{\varepsilon_2},$$

$$\frac{\text{tg}\,\alpha_2}{\text{tg}\,\alpha_1} = \frac{\varepsilon_2}{\varepsilon_1}.$$

An geladenen Grenzflächen wird

$$\text{Div}\,\mathfrak{D} = \varepsilon\,\text{Div}\,\mathfrak{E} = \sigma; \qquad \text{Rot}\,\mathfrak{E} = 0.$$

Bei Vorhandensein von Raumladungen erhält man

$$\text{div}\,\mathfrak{D} = \varrho; \qquad\qquad \text{rot}\,\mathfrak{E} = 0,$$

$$\text{rot}\,\mathfrak{D} = 0; \qquad\qquad \text{div}\,\mathfrak{E} = \varrho/\varepsilon,$$

$$\Delta\varphi = -\varrho/\varepsilon.$$

Darin bedeuten σ die Flächen- und ϱ die räumliche Ladungsdichte.

Die Energie des elektrostatischen Feldes beträgt für die Raumeinheit

$$W_{1e} = \frac{1}{2}\mathfrak{E}\mathfrak{D} = \frac{\varepsilon}{2}\mathfrak{E}^2 = \frac{1}{2\varepsilon}\mathfrak{D}^2.$$

Danach errechnet sich der Energieinhalt eines Kondensators zu

$$W_e = \frac{QU}{2} = \frac{CU^2}{2} = \frac{Q^2}{2C}.$$

Als wichtige Naturkonstante sei noch der Wert der Dielektrizitätskonstante des leeren Raumes (Influenzkonstante) mit

$$\varepsilon_0 = 8{,}859 \cdot 10^{-12}\,\frac{As}{Vm}$$

genannt.

§ 22 Rechenbeispiele

1 Kraft zwischen zwei punktförmigen Ladungen

Wie groß sind die gleich großen Ladungen zweier Punktladungen, die sich in einer Entfernung von 1 mm mit einer Kraft von 0,917 p abstoßen?

Lösung: Nach dem Kraftgesetz I—(211,2/1) und der Proportionalität I—(211,4/4) ist

$$P = Q\,|\mathfrak{E}| = Q\,\frac{|\mathfrak{D}|}{\varepsilon_0},$$

worin $\mathfrak{D}$ die von der einen Ladung herrührende Verschiebung am Ort der zweiten Ladung bedeutet. Diese ist aber nach I—(2117,2/1)

$$|\mathfrak{D}| = \frac{Q}{4\pi r^2},$$

so daß

$$P = \frac{Q^2}{4\pi \varepsilon_0 r^2}$$

und

$$Q^2 = 4\pi \varepsilon_0 P r^2 = 4\pi \cdot 8{,}859 \cdot 10^{-12} \cdot 0{,}917 \frac{A\,s\,p\,mm^2}{V\,m} =$$

$$= 4\pi \cdot 8{,}859 \cdot 0{,}917 \cdot 9{,}81 \cdot 10^{-12} \cdot 10^{-3} \cdot 10^{-6} \frac{A\,s\,V\,A\,s\,m}{V\,m} = 10^{-18} A^2 s^2$$

oder

$$Q = 10^{-9}\,C,$$

Dieses Ergebnis kann auch direkt aus dem Priestleyschen Gesetz I—(211,4/6) errechnet werden.

V e r g l e i c h e B a n d I: § 211,1 bis § 2117,2.

2 Kraft auf ein Elektron im elektrischen Feld

Welche Kraft wird auf ein Elektron (mit der Einheitsladung $e = -1{,}6\cdot 10^{-19}\,C$) in einem elektrischen Feld von der Stärke $\mathfrak{E} = 1000$ V/cm ausgeübt?

L ö s u n g :

$$P = 1{,}63 \cdot 10^{-12}\,p.$$

3 Influenz im elektrischen Feld

Im Zwischenraum zwischen zwei großen, parallelen, im Abstand von $d = 5$ cm angeordneten Platten befindet sich gegen diese unter einem Winkel von $\alpha = 60^0$

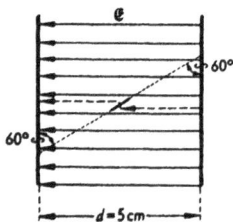

Bild 1 Plattenanordnung

geneigt ein Metallscheibchen von $f = 1{,}4$ mm² Flächeninhalt (s. Bild 1). Wie groß ist die auf ihm durch Influenz erzeugte Ladung, wenn man das Plattenpaar an 2000 Volt anschließt und die Messung in Öl ($\varepsilon = 2{,}5$) ausgeführt wird?

L ö s u n g : Zwischen den Platten entsteht ein elektrisches Feld von der Stärke $|\mathfrak{E}| = U/d$. Die Verschiebung ist demnach $|\mathfrak{D}| = \varepsilon |\mathfrak{E}| = \varepsilon_0 \varepsilon U/d$, und damit nach I—(211,4/2)

$$Q = \frac{\varepsilon_0\,\varepsilon\,U\,f}{d}\cos\alpha = \frac{8{,}859 \cdot 10^{-12} \cdot 2{,}5 \cdot 2000 \cdot 1{,}4}{5}\;0{,}5\;\frac{A\,s\,V\,mm^2}{V\,m\,cm}$$

oder

$$Q = 0{,}62 \cdot 10^{-12}\,C.$$

V e r g l e i c h e B a n d I: § 211,4.

4 Kapazität und Feld zweier weit voneinander entfernter Kugeln

Zwei Kugeln mit dem Halbmesser $R = 1$ cm haben einen Mittelpunktsabstand $a = 1$ m. Sie werden an eine Spannung $U = 10$ kV gelegt. Es ist zu berechnen:

1. die Ladung der beiden Kugeln;

2. die Kapazität der Anordnung;

3. der Potentialverlauf auf der Verbindungslinie der Kugelmittelpunkte.

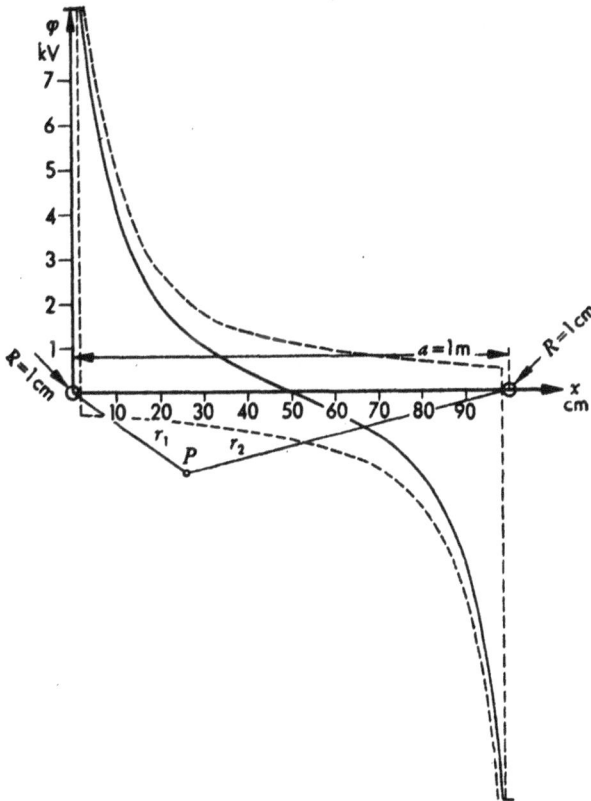

Bild 1 Potentialverlauf

Da $R \ll a$ ist, können zur Betrachtung des Feldes im Raumteil außerhalb der Kugeln die Ladungen als in den Kugelmittelpunkten konzentriert angenommen werden.

Lösung: Nach I—(2117,3/2) und mit den Bezeichnungen des Bildes 1 wird das Potential im beliebigen Punkt P $(Q_2 = - Q_1 = - Q)$

$$\varphi = \varphi_1 + \varphi_2 = \frac{Q}{4 \pi \varepsilon_0} \left(\frac{1}{r_1} - \frac{1}{r_2} \right). \tag{1}$$

Für die Kugeloberflächen erhält man also

$$\varphi_A = \frac{Q}{4\pi\varepsilon_0}\left(\frac{1}{R} - \frac{1}{a-R}\right),$$

$$\varphi_B = \frac{Q}{4\pi\varepsilon_0}\left(\frac{1}{a-R} - \frac{1}{R}\right).$$

Damit wird die angelegte Spannung

$$U = \varphi_A - \varphi_B = \frac{Q}{2\pi\varepsilon_0}\left(\frac{1}{R} - \frac{1}{a-R}\right) \qquad (2)$$

und

$$Q = \frac{2\pi\varepsilon_0 U}{\dfrac{1}{R} - \dfrac{1}{a-R}} = \frac{2\pi\cdot 8{,}859\cdot 10^{-12}\cdot 10^4}{\dfrac{1}{1} - \dfrac{1}{99}}\ \frac{\mathrm{A\,s\,V}}{\mathrm{V\,m}\,\dfrac{1}{\mathrm{cm}}}$$

oder

$$Q = 5{,}62\cdot 10^{-9}\,\mathrm{C}.$$

Die Kapazität wird aus (2)

$$C = \frac{Q}{U} = \frac{2\pi\varepsilon_0}{\dfrac{1}{R} - \dfrac{1}{a-R}} = \frac{5{,}62\cdot 10^{-9}}{10^4}\ \frac{\mathrm{A\,s}}{\mathrm{V}}$$

oder

$$C = 0{,}562\cdot 10^{-12}\,\mathrm{F} = 0{,}562\,\mathrm{pF}.$$

Für den Potentialverlauf längs der Verbindungslinie der Kugelmittelpunkte erhält man aus (1) und (2)

$$\varphi = \frac{Q}{4\pi\varepsilon_0}\left(\frac{1}{x} - \frac{1}{a-x}\right) = \frac{U}{2}\,\frac{\dfrac{1}{x} - \dfrac{1}{a-x}}{\dfrac{1}{R} - \dfrac{1}{a-R}} \approx \frac{U}{2}\left(\frac{R}{x} - \frac{R}{a-x}\right)$$

und mit den Zahlenwerten

$$\varphi = 5000\left(\frac{1}{x} - \frac{1}{100-x}\right)\mathrm{Volt} \quad (x\ \text{in cm}).$$

Der Verlauf ist in Bild 1 angegeben.

Vergleiche Band I: § 2117,3.

4a Kapazität zwischen Kugel und Platte

Der Mittelpunkt einer Metallkugel mit dem Halbmesser $R = 1$ cm hat einen Abstand von $a = 50$ cm von einer großen, leitenden Platte. Wie groß ist die Kapazität der Anordnung?

Lösung: Durch Spiegelung an der Platte entsteht das Feldbild der vorigen Aufgabe.

$$C = \frac{4\pi\varepsilon_0}{\dfrac{1}{R} - \dfrac{1}{2a-R}} = 1{,}12\,\mathrm{pF}.$$

4b Plattenkondensator bei veränderlichem Plattenabstand und variabler Dielektrizitätskonstanten

Ein Plattenkondensator, bestehend aus zwei im Abstand von $d = 1$ cm befindlichen, 400 cm² großen Platten, wird durch kurzzeitiges Anlegen an Spannung geladen. Wie ändert sich die Spannung am Kondensator, wenn

1. die Platten nachträglich auf $d_1 = 3$ cm Entfernung gebracht werden?,
2. nach der Ladung eine 1 cm starke Kondensorplatte ($\varepsilon = 80$) zwischen die Kondensatorplatten geschoben wird?
3. Was ändert sich im Falle 2., wenn der Kondensator an der Stromquelle angeschlossen bleibt?
4. Wie groß ist in allen vier Fällen die Ladung, wenn die Spannung der Stromquelle 2000 V beträgt?

Lösung:

1. Die Spannung steigt auf den dreifachen Wert.
2. Die Spannung sinkt auf $1/80$.
3. Die aufgenommene Ladung wird 80mal so groß.
4. $70,9 \cdot 10^{-9}$ C, im Falle 3. jedoch $5,66 \cdot 10^{-6}$ C.

5 Kabel mit Zweischichtisolation

Ein 5-kV-Hochspannungskabel mit den umstehenden Abmessungen hat zwei Isolationsschichten mit den Dielektrizitätszahlen $\varepsilon_1 = 4,5$ und $\varepsilon_2 = 3$. Wie groß ist die Kapazität des Kabels bei einer Kabellänge von $l = 5$ km, und wie ist der Feldverlauf in radialer Richtung?

Lösung: Die Spannung ergibt sich zunächst als Summe der Linienintegrale der Feldstärken in den beiden Schichten

$$U = \int_{d_i/2}^{d_m/2} |\mathfrak{E}_1| \, dr + \int_{d_m/2}^{d_a/2} |\mathfrak{E}_2| \, dr.$$

Nun ist an der Grenzschicht wegen

$$\mathrm{Div}\, \mathfrak{D} = \mathfrak{D}_{n2} - \mathfrak{D}_{n1} = \mathfrak{D}_2 - \mathfrak{D}_1 = 0,$$

$$\mathfrak{D}_2 = \mathfrak{D}_1 = \frac{Q}{2 r \pi l},$$

und somit

$$|\mathfrak{E}_1| = \frac{Q}{2 r \pi l \varepsilon_1}; \quad |\mathfrak{E}_2| = \frac{Q}{2 r \pi l \varepsilon_2},$$

also

$$U = \frac{Q}{2 \pi l \varepsilon_0} \left(\frac{1}{\varepsilon_1} \int_{d_i/2}^{d_m/2} \frac{dr}{r} + \frac{1}{\varepsilon_2} \int_{d_m/2}^{d_a/2} \frac{dr}{r} \right) = \frac{Q}{2 \pi l \varepsilon_0} \left(\frac{1}{\varepsilon_1} \ln \frac{d_m}{d_i} + \frac{1}{\varepsilon_2} \ln \frac{d_a}{d_m} \right).$$

2*

Daraus ergibt sich die Kapazität zu

$$C = \frac{2\pi l \varepsilon_0}{\frac{1}{E_1}\ln\frac{d_m}{d_i} + \frac{1}{E_2}\ln\frac{d_a}{d_m}};$$ (1)

oder mit den Zahlenwerten

$$C = \frac{2\pi \cdot 5 \cdot 10^3 \cdot 8,859 \cdot 10^{-12}}{\left(\dfrac{1}{4,5} + \dfrac{1}{3}\right)\ln 1,5} \frac{\mathrm{m\,A\,s}}{\mathrm{V\,m}} = 1,235\,\mu\mathrm{F}.$$

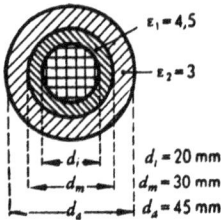

Bild 1
Hochspannungskabel

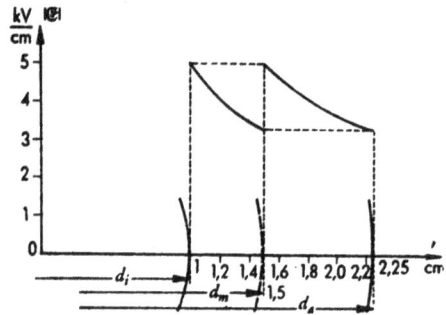

Bild 2
Feldstärkeverlauf

Den Feldverlauf findet man aus

$$|\mathfrak{E}_1| = \frac{Q}{2\,r\,\pi\,l\,E_1} = U\,\frac{2\pi l \varepsilon_0}{2\,r\,\pi\,l\,\varepsilon_0\,E_1\left(\dfrac{1}{E_1}\ln\dfrac{d_m}{d_i} + \dfrac{1}{E_2}\ln\dfrac{d_a}{d_m}\right)}$$

oder

$$|\mathfrak{E}_1| = \frac{U}{\ln\dfrac{d_m}{d_i} + \dfrac{E_1}{E_2}\ln\dfrac{d_a}{d_m}} \cdot \frac{1}{r}$$

und ebenso

$$|\mathfrak{E}_2| = \frac{U}{\dfrac{E_2}{E_1}\ln\dfrac{d_m}{d_i} + \ln\dfrac{d_a}{d_m}} \cdot \frac{1}{r} = \frac{E_1}{E_2}|\mathfrak{E}_1|.$$

Setzt man die Zahlenwerte ein, so wird

$$|\mathfrak{E}_1| = \frac{4,94}{r}\,\frac{\mathrm{kV}}{\mathrm{cm}}; \qquad |\mathfrak{E}_2| = \frac{7,41}{r}\,\frac{\mathrm{kV}}{\mathrm{cm}}.$$

Damit ergibt sich der im Bild 2 gezeichnete Verlauf. An der Grenzfläche zwischen den beiden Medien springt die Feldstärke von 3,3 kV/cm auf 4,94 kV/cm.

Vergleiche Band I: § 212,3.

6 Kapazität einer Vertikalantenne

Es ist die Kapazität eines vertikal im Abstand h von der Erdoberfläche angeordneten Leiters von der Länge l und dem Durchmesser d zu bestimmen (Vertikalantenne).

L ö s u n g : Um zu einer angenäherten Lösung zu gelangen, sei der Leiter zunächst unendlich dünn angenommen (Linienquelle). Die Anwesenheit von Erde wird durch Anordnung des Spiegelbildes des Leiters berücksichtigt. Faßt man dann die Linienquelle als Summe einer unendlichen Zahl von Punktladungen

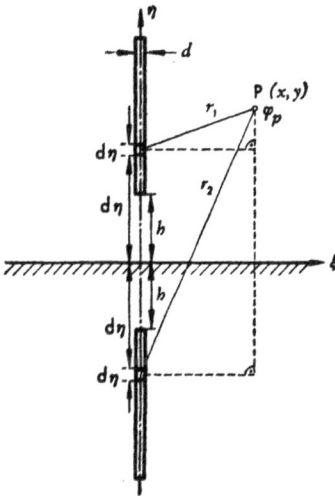

Bild 1 Vertikalantenne

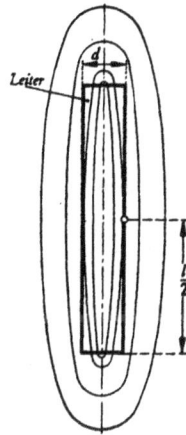

Bild 2 Äquipotentiallinien

auf, dann kann man das Gesamtfeld durch Integration der Punktfelder nach den bekannten Formeln des § I—2117,3 erhalten. Mit den Bezeichnungen des Bildes 1 wird gemäß I—(2117,3/2)

$$d\varphi = \frac{dQ}{4\pi\varepsilon_0}\left(\frac{1}{r_1} - \frac{1}{r_2}\right) = \frac{Q\,d\eta}{l\,4\pi\varepsilon_0}\left(\frac{1}{\sqrt{x^2+(y-\eta)^2}} - \frac{1}{\sqrt{x^2+(y+\eta)^2}}\right)$$

und damit

$$\varphi = \frac{Q}{4\pi\varepsilon_0 l}\int\limits_{h}^{h+l}\left[\frac{-d(y-\eta)}{\sqrt{x^2+(y-\eta)^2}} - \frac{d(y+\eta)}{\sqrt{x^2+(y+\eta)^2}}\right] =$$

$$= \frac{Q}{4\pi\varepsilon_0 l}\left\{\ln\left[y-\eta+\sqrt{x^2+(y-\eta)^2}\right]\Big[\begin{smallmatrix}h\\h+l\end{smallmatrix} - \ln\left[y+\eta+\sqrt{x^2+(y+\eta)^2}\right]\Big]_{h}^{h+l}\right\}$$

oder

$$\varphi = \frac{Q}{4\pi\varepsilon_0 l}\left[\ln\frac{y-h+\sqrt{x^2+(y-h)^2}}{y-h-l+\sqrt{x^2+(y-h-l)^2}} - \ln\frac{y+h+l+\sqrt{x^2+(y+y+l)^2}}{y+h+\sqrt{x^2+(y+h)^2}}\right].\ (1)$$

Für $\varphi = $ konst. erhält man daraus die Äquipotentialflächen, wie es das Bild 2 zeigt. Wie zu ersehen ist, sind die Rotationsflächen in der Nähe der Linienquelle sehr langgestreckt, so daß eine von ihnen in erster Annäherung an Stelle des zylindrischen Leiters verifiziert werden kann. Wählt man hierfür etwa jene, die in der halben Leiterhöhe von der Linienquelle den Abstand $d/2$ hat, so erhält man aus (1) mit

$$y = h + l/2,$$

$$x = d/2$$

$$\varphi = \frac{Q}{4\pi\varepsilon_0 l}\left[\ln\frac{l + \sqrt{d^2 + l^2}}{-l + \sqrt{d^2 + l^2}} - \ln\frac{4h + 3l + \sqrt{d^2 + (4h + 3l)^2}}{4h + l + \sqrt{d^2 + (4h + l)^2}}\right]. \tag{2}$$

Kann d^2 als klein gegen h^2 angenommen werden, vereinfacht sich die Gleichung noch auf

$$\varphi = \frac{Q}{4\pi\varepsilon_0 l}\ln\frac{4l^2(4h + l)}{d^2(4h + 3l)}, \tag{2a}$$

worin von der Entwicklung

$$\sqrt{d^2 + l^2} = l\sqrt{1 + \frac{d^2}{l^2}} = l\left(1 + \frac{d^2}{2l^2} + \cdots\right) \approx l + \frac{d^2}{2l}$$

Gebrauch gemacht wurde.

Die gesuchte Kapazität ermittelt sich daraus zu

$$C = \frac{4\pi\varepsilon_0 l}{\ln\dfrac{4l^2(4h + l)}{d^2(4h + 3l)}}. \tag{3}$$

Vergleiche Band I: § 2117,3. Band II: § 123,3.

6a Kapazität eines horizontal ausgespannten Drahtes

Es ist die Kapazität eines im Abstand h von der Erdoberfläche horizontal ausgespannten Drahtes von der Länge l zu berechnen.

Lösung:

$$C = \frac{4\pi\varepsilon_0 l}{\ln\dfrac{4l^2\sqrt{16h^2 + l^2} - l}{d^2\sqrt{16h^2 + l^2} + l}}.$$

Ist $16h^2 \ll l^2$, so vereinfacht sich dies auf

$$C = \frac{2\pi\varepsilon_0 l}{\ln\dfrac{4h}{d}}$$

in Übereinstimmung mit I—(2117,14/2a).

7 Konforme Abbildungsfunktion

$$w = \frac{1}{2} \ln \frac{z+a}{z-a}$$

Die durch die Funktion

$$w = \frac{1}{2} \ln \frac{z+a}{z-a}$$

bestimmte, konforme Abbildung ist zu beschreiben.

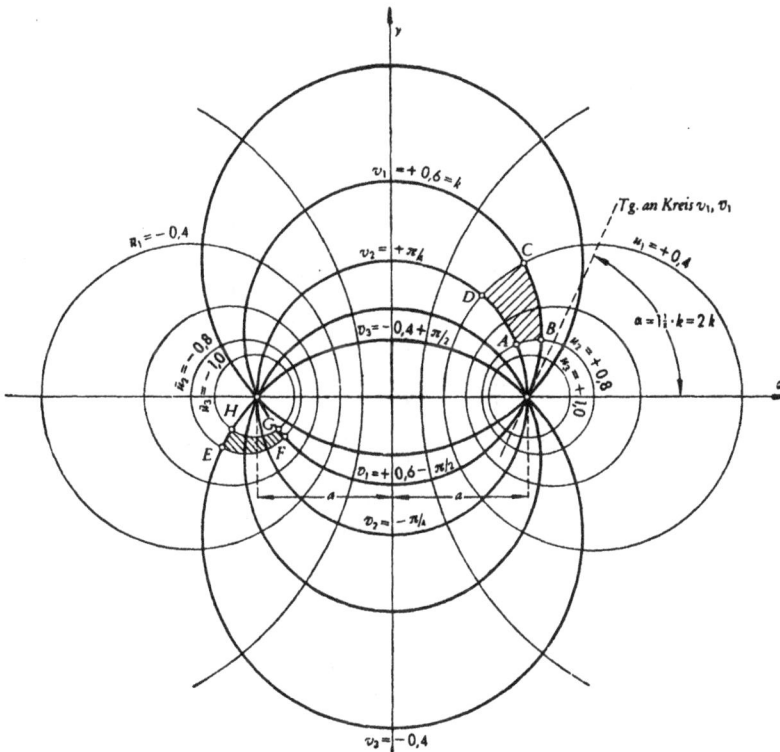

Bild 1 z-Ebene
Kreise u = konst., u = konst. der Funktion: $w = \frac{1}{2} \ln \frac{z+a}{z-a}$

Lösung: Mit II—(342,6/2) und II—(342,6/3) wird zunächst

$$w = u + j v = \frac{1}{2} \ln \frac{z+a}{z-a} = \frac{1}{2} \ln \frac{\sqrt{(x+a)^2 + y^2}}{\sqrt{(x-a)^2 + y^2}} +$$

$$+ j \frac{1}{2} \left(\text{arc tg} \frac{y}{x+a} - \text{arc tg} \frac{y}{x-a} \right),$$

also
$$u = \frac{1}{4} \ln \frac{(x + a)^2 + y^2}{(x - a)^2 + y^2},$$

$$v = \frac{1}{2}\left(\operatorname{arc\,tg} \frac{y}{x + a} - \operatorname{arc\,tg} \frac{y}{x - a}\right) = \frac{1}{2} \operatorname{arc\,tg} \frac{-2\,a\,y}{x^2 + y^2 - a^2}.$$

Wird u als Potential aufgefaßt, dann ist die Gleichung der Äquipotential-linien

$$\frac{(x + a)^2 + y^2}{(x - a)^2 + y^2} = e^{4u}.$$

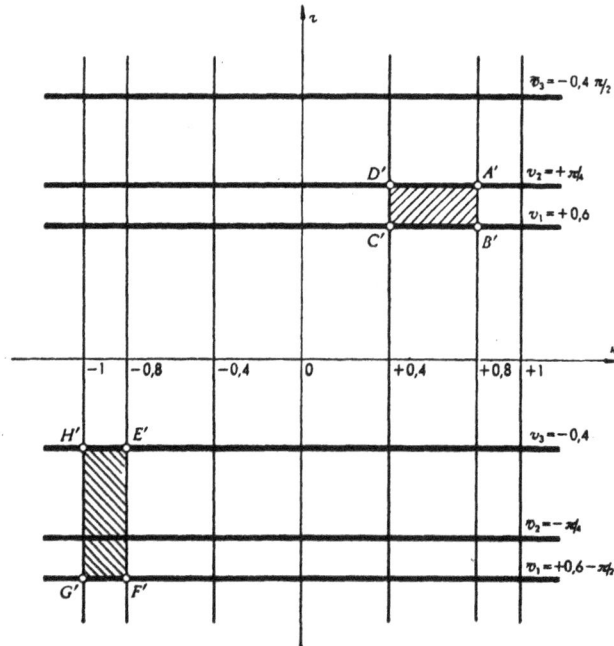

Bild 2   w-Ebene
Abbildung der Kreise $u =$ konst., $v =$ konst. der z-Ebene

Das ergibt aufgelöst

$$x^2 (1 - e^{4u}) + y^2 (1 - e^{4u}) + a^2 (1 - e^{4u}) + 2\,ax (1 + e^{4u}) = 0$$

oder

$$x^2 + y^2 + a^2 + 2\,ax \frac{1 + e^{4u}}{1 - e^{4u}} = x^2 + y^2 + a^2 - 2\,ax \frac{e^{2u} + e^{-2u}}{e^{2u} - e^{-2u}} =$$

$$= x^2 + y^2 + a^2 - 2\,ax \operatorname{\mathfrak{C}tg} 2u = 0.$$

Dies ist aber die Gleichung eines Kreises, wenn man sie in der Form

$$(x - a \operatorname{\mathfrak{C}tg} 2u)^2 + y^2 = a^2 (\operatorname{\mathfrak{C}tg}^2 2u - 1)$$

anschreibt. Die Kreise haben die Mittelpunkte auf der Abszissenachse in den Punkten

$$\xi = a \operatorname{\mathfrak{C}tg} 2u$$

Die Kreishalbmesser haben die Größe

$$r = a \sqrt{\mathfrak{Ctg}^2 2u - 1}.$$

Die Feldlinien v = konst. ergeben sich zu

$$\operatorname{tg} 2v = \frac{-2ay}{x^2 + y^2 - a^2}$$

oder

$$y^2 + x^2 - a^2 + 2ay \operatorname{ctg} 2v = 0,$$

woraus

$$x^2 + (y + a \operatorname{ctg} 2v)^2 = a^2 (\operatorname{ctg}^2 2v + 1).$$

Das sind ebenfalls Kreise mit den Mittelpunkten auf der Ordinatenachse in den Abständen

$$\eta = a \operatorname{ctg} 2v$$

und mit den Halbmessern

$$R = a \sqrt{\operatorname{ctg}^2 2v + 1}.$$

Damit kann das Feldbild gezeichnet werden, wenn man für u und v verschiedene Festwerte wählt, wie es etwa die folgenden Tabellen zeigen.

u	$2u$	$\mathfrak{Ctg}\, 2u$	$\mathfrak{Ctg}^2\, 2u$	ξ	r
$\pm 0,2$	$\pm 0,4$	$\pm 2,63$	$6,94$	$\pm 2,63\ a$	$2,44\ a$
$\pm 0,4$	$\pm 0,8$	$\pm 1,505$	$2,27$	$\pm 1,505\ a$	$1,13\ a$
$\pm 0,6$	$\pm 1,2$	$\pm 1,20$	$1,44$	$\pm 1,2\ \ a$	$0,66\ a$
$\pm 0,8$	$\pm 1,6$	$\pm 1,085$	$1,18$	$\pm 1,085\ a$	$0,42\ a$
$\pm 1,0$	$\pm 2,0$	$\pm 1,038$	$1,078$	$\pm 1,038\ a$	$0,28\ a$

v	$2v$	$\operatorname{ctg} 2v$	$\operatorname{ctg}^2 2v$	η	R
$\pm 0,2$	$\pm 0,4$	$\pm 2,37$	$5,61$	$\pm 2,37\ \ a$	$2,575\ a$
$\pm 0,4$	$\pm 0,8$	$\pm 0,97$	$0,945$	$\pm 0,97\ \ a$	$1,395\ a$
$\pm 0,6$	$\pm 1,2$	$\pm 0,39$	$0,152$	$\pm 0,39\ \ a$	$1,072\ a$
$\pm 0,8$	$\pm 1,6$	$\mp 0,029$	0	$\mp 0,029\ a$	a
$\pm 1,0$	$\pm 2,0$	$\mp 0,46$	$0,21$	$\mp 0,46\ \ a$	$1,1\ \ a$

Das Feldbild (Bild 1) beschreibt das Feld zweier im Abstand 2a befindlicher, paralleler, unendlich langer, zylindrischer Leiter oder das Feld zwischen geradem, zylindrischem Leiter und leitender Ebene im Abstand a.

Vergleiche Band I: § 2117,11. Band II: § 342,6. § 114,5.

7a Konforme Abbildungsfunktion

$$\boxed{w = c_1 \,\mathfrak{Ar}\,\mathfrak{Cof}\, \frac{z}{c_2}.}$$

Welches Feld beschreibt die Abbildungsfunktion

$$w = c_1 \,\mathfrak{Ar}\,\mathfrak{Cof}\, \frac{z}{c_2}\ ?$$

Lösung:[*]) Bilde zuerst die Umkehrfunktion

$$z = c_2 \, \mathfrak{Cof} \frac{w}{c_1},$$

aus der x und y ermittelt werden können. Durch Eliminieren von u und v erhält man die konfokalen Ellipsen- und Hyperbelgleichungen

$$\left(\frac{x}{a}\right)^2 + \left(\frac{y}{b}\right)^2 = 1; \qquad \left(\frac{x}{a}\right)^2 - \left(\frac{y}{b}\right)^2 = 1$$

mit den Halbachsen

$$a_e = c_2 \, \mathfrak{Cof} \frac{u}{c_1}: \qquad b_e = c_2 \, \mathfrak{Sin} \frac{u}{c_1}$$

beziehungsweise

$$a_h = c_2 \cos \frac{v}{c_1}; \qquad b_h = c_2 \sin \frac{v}{c_1}.$$

Für $u = \varphi$ ergibt sich also das Feld eines elliptischen Zylinders bzw. eines elliptischen Zylinderkondensators. Für die Kapazität eines solchen Kondensators erhält man dann den Ausdruck

$$C = \frac{2\pi \varepsilon l}{\ln \dfrac{a_2 + b_2}{a_1 + b_1}}.$$

8 Teilkapazitäten einer Einphasenleitung

Es sind die Teilkapazitäten einer Einphasenleitung laut untenstehendem Mastbild zu berechnen.

Lösung: Nach I—(2117,12/1) wird für das Potential am Leiter 1 und 2 je Längeneinheit

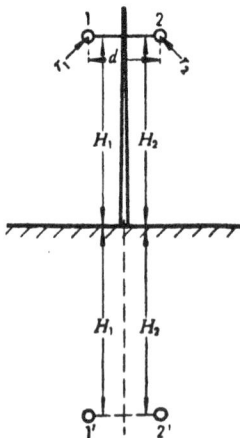

Bild 1 Mastbild

$$\varphi_1 = a_{11} Q_1 + a_{12} Q_2,$$
$$\varphi_2 = a_{12} Q_1 + a_{22} Q_2,$$

mit

$$\left.\begin{aligned}
a_{11} &= \frac{1}{2\pi \varepsilon_0} \ln \frac{2H_1}{r_1}, \\
a_{22} &= \frac{1}{2\pi \varepsilon_0} \ln \frac{2H_2}{r_2}, \\
a_{12} &= \frac{1}{2\pi \varepsilon_0} \ln \frac{D}{d}.
\end{aligned}\right\} \quad (1)$$

Nach den Ladungen aufgelöst ergibt dies

$$Q_1 (a_{11} a_{22} - a_{12}^2) = a_{22} \varphi_1 - a_{12} \varphi_2,$$
$$Q_2 (a_{11} a_{22} - a_{12}^2) = a_{11} \varphi_2 - a_{12} \varphi_1,$$

---

[*]) Siehe K. Küpfmüller, Einführung in die theoretische Elektrotechnik. 3. Aufl., 1941, Seite 112.

oder gemäß I—(2117,12/4)

$$Q_1 = \frac{a_{22} - a_{12}}{a_{11} a_{22} - a_{12}^2} \varphi_1 + \frac{a_{12}}{a_{11} a_{22} - a_{12}^2} (\varphi_1 - \varphi_2),$$

$$Q_2 = \frac{a_{12}}{a_{11} a_{22} - a_{12}^2} (\varphi_2 - \varphi_1) + \frac{a_{11} - a_{12}}{a_{11} a_{22} - a_{12}^2} \varphi_2.$$

Damit erhält man die Teilkapazitäten je Längeneinheit

$$\left. \begin{aligned}
C_{11} &= \frac{a_{22} - a_{12}}{a_{11} a_{22} - a_{12}^2} = 2\pi \varepsilon_0 \frac{\ln \frac{2 H_2}{r_2} - \ln \frac{D}{d}}{\ln \frac{2 H_1}{r_1} \ln \frac{2 H_2}{r_2} - \ln^2 \frac{D}{d}}, \\[2ex]
C_{22} &= \frac{a_{11} - a_{12}}{a_{11} a_{22} - a_{12}^2} = 2\pi \varepsilon_0 \frac{\ln \frac{2 H_1}{r_1} - \ln \frac{D}{d}}{\ln \frac{2 H_1}{r_1} \ln \frac{2 H_2}{r_2} - \ln^2 \frac{D}{d}}, \\[2ex]
C_{12} &= \frac{a_{12}}{a_{11} a_{22} - a_{12}^2} = 2\pi \varepsilon_0 \frac{\ln \frac{D}{d}}{\ln \frac{2 H_1}{r_1} \ln \frac{2 H_2}{r_2} - \ln^2 \frac{D}{d}}.
\end{aligned} \right\} \quad (2)$$

Meist ist

$$H_1 = H_2 = H,$$
$$r_1 = r_2 = r,$$

womit

$$a_{11} = a_{22}$$

und

$$\left. \begin{aligned}
C_{11} = C_{22} &= \frac{1}{a_{11} + a_{12}} = 2\pi \varepsilon_0 \frac{1}{\ln \frac{2 H D}{r d}}, \\[2ex]
C_{12} &= 2\pi \varepsilon_0 \frac{\ln \frac{D}{d}}{\ln^2 \frac{2 H}{r} - \ln^2 \frac{D}{d}},
\end{aligned} \right\} \quad (3)$$

worin noch

$$D = \sqrt{d^2 + 4 H^2}; \qquad D/d = \sqrt{1 + (2 H/d)^2}$$

gesetzt werden könnte.

Für diesen Fall ergibt sich noch die Gesamtkapazität zwischen den beiden Leitern (die *Betriebskapazität*) aus den beiden ersten Ansätzen für $Q_1 = Q_2 = Q$ über

$$\varphi_1 - \varphi_2 = 2 (a_{11} = a_{12}) Q,$$

zu

$$C_b = \frac{1}{2 (a_{11} - a_{12})} = \frac{\pi \varepsilon_0}{\ln \frac{2 H d}{r D}}. \qquad (4)$$

Für $D = 2H$ (große Höhenlage im Vergleich zum Leiterabstand) geht dies in die Gleichung I—(2117,11/2 a) über.

Vergleiche Band I: § 2117,12.

8 a Teilkapazitäten einer symmetrischen Drehstromleitung

Es sind die Teilkapazitäten einer symmetrischen (im gleichseitigen Dreieck angeordneten) Dreiphasenleitung zu berechnen. Die Leitung soll ausreichend verdrillt sein, so daß als Leitungshöhe H der Mittelwert aus den drei Höhen H_1, H_2, H_3 eingesetzt werden kann.

Lösung: Infolge der Symmetrien ist hier

$$a_{11} = a_{22} = a_{33}$$

und

$$a_{12} = a_{23} = a_{31}.$$

Damit werden die Kapazitäten gegen Erde

$$C_{11} = \frac{1}{a_{11} + 2a_{12}} = \frac{2\pi\varepsilon_0}{\ln\dfrac{2H}{r} + 2\ln\dfrac{2H}{d}} \tag{1}$$

und die gegenseitigen Kapazitäten

$$C_{12} = \frac{a_{12}}{(a_{11} - a_{12})(a_{11} + 2a_{12})} = \frac{2\pi\varepsilon_0 \ln\dfrac{2H}{d}}{\ln\dfrac{d}{r}\left(\ln\dfrac{2H}{r} + 2\ln\dfrac{2H}{d}\right)}. \tag{2}$$

8 b Gegenseitige Kapazität der Wicklungen eines Transformators

Unter- und Oberspannungswicklung eines Transformators haben die im Bild 1 gezeigten Hauptabmessungen. Welche ungefähre Kapazität besteht zwischen den beiden Wicklungen?

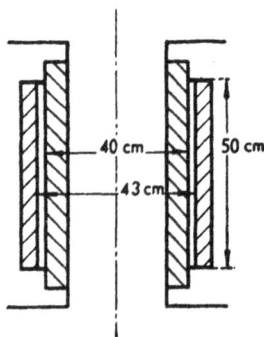

Lösung: Man fasse die Anordnung als Röhrenkondensator auf und findet nach I—(2117,8/3), wenn man für Transformatorenöl $\varepsilon = 2{,}5$ setzt,

$$C = 10^{-9}\,\text{F}.$$

Handelt es sich um einen Drehstromtransformator mit drei Schenkeln, dann wird die gesamte gegenseitige Kapazität $3 \cdot 10^{-9}\,\text{F}$.

Bild 1 Abmessung der
Transformatorwicklung

9 Kapazitive Beeinflussung einer Fernmeldeleitung durch eine Starkstromleitung, hervorgerufen durch unsymmetrische Anordnung

Neben einer Einphasenleitung mit symmetrisch angeordnetem Erdseil ist eine Fernmeldeleitung isoliert verlegt (Bild 1). Wie groß ist die in dieser induzierte Spannung, wenn die Einphasenspannung $U = 25$ kV beträgt und die Potentialkoeffizienten die folgenden Werte haben?

$$a_{11} = a_{22} = 17{,}5 \cdot 10^4 \frac{kV}{As} \, km,$$

$$a_{12} = 5{,}0 \cdot 10^4 \frac{kV}{As} \, km,$$

$$a_{13} = 0{,}48 \cdot 10^4 \frac{kV}{As} \, km,$$

$$a_{23} = 0{,}42 \cdot 10^4 \frac{kV}{As} \, km,$$

$$a_{13} = a_{2s}.$$

L ö s u n g : Da die Ladung auf der Fernmeldeleitung Null sein muß, und ebenso die Ladung am Erdseil wegen der Symmetrie, ergeben sich folgende Gleichungen:

$$\varphi_1 = a_{11} Q_1 + a_{12} Q_2,$$

$$\varphi_2 = a_{12} Q_1 + a_{11} Q_2,$$

$$0 = a_{1s} Q_1 + a_{1s} Q_2,$$

$$\varphi_3 = a_{13} Q_1 + a_{23} Q_2.$$

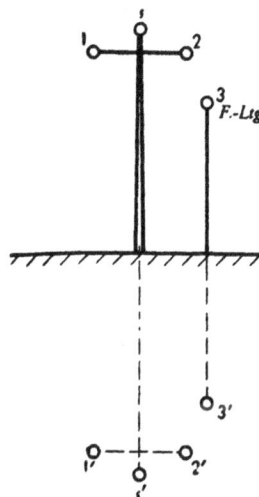

Bild 1 Anordnung:
Einphasen-Fernmeldeleitung

Aus der dritten Gleichung wird $Q_2 = -Q_1$ und damit aus der Differenz der beiden ersten

$$U = \varphi_1 - \varphi_2 = Q_1 (a_{11} - a_{12}) - Q_1 (a_{12} - a_{11}) = 2 Q_1 (a_{11} - a_{12})$$

oder

$$Q_1 = \frac{U/2}{a_{11} - a_{12}} = 10^{-4} \, C/km.$$

Aus der letzten Potentialgleichung wird dann

$$\varphi_3 = Q_1 (a_{13} - a_{23}) = 0{,}06 \, kV = 60 \, V.$$

V e r g l e i c h e B a n d I: § 2117,12.

9a Kapazitive Beeinflussung einer Fernmeldeleitung durch eine mit Erdschluß behaftete Einphasen-Starkstromleitung

Zwischen den Leitern 1 und 2 einer unverdrillten Einphasenleitung liegt eine Spannung $U = 25$ kV. Wie groß ist die Spannung einer am Mast angeordneten Fernmeldeleitung 3 gegen Erde

1. im normalen Betrieb,

2. wenn Leiter 2 einen Erdschluß hat?

Gegeben ist (Bild 1)

$$r = 3,4 \text{ mm}, \quad H = 8,5 \text{ m},$$
$$d = 3,9 \text{ m}, \quad h = 7,25 \text{ m}.$$

Lösung:

1. Im gesunden Zustand ist $\varphi_3 = 0$.

2. Bei Erdschluß in Phase 2 ist

$$\varphi_3 = U \frac{a_{13}}{a_{11} + a_{12}} = 4,8 \text{ kV}.$$

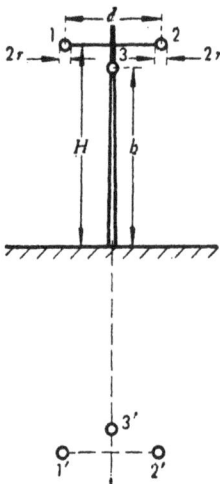

Bild 1 Mastbild

10 Kapazität eines exzentrischen Einleiterkabels

Der Innenleiter eines konzentrischen Kabels für Trägerfrequenztelefonie hat sich infolge einer mechanischen Überbeanspruchung beim Auslegen des Kabels um den Abstand e aus der Mitte verschoben (Bild 1). Um wieviel ändert sich die Kapazität gegenüber dem ursprünglichen Zustand?

Gegeben sind

$$r = 2,5 \text{ mm},$$
$$R = 9 \quad \text{mm},$$
$$e = 3,5 \text{ mm}.$$

Lösung: Das entstehende Feld kann als Feld zweier paralleler Linienquellen durch P_1 und P_2 angesehen werden. Die Abstände x und y dieser Linien-

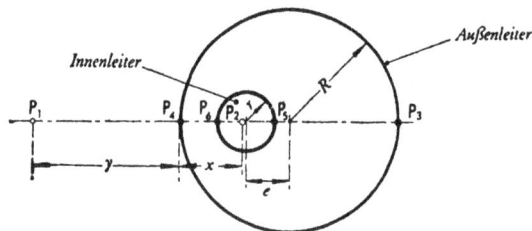

Bild 1 Exzentrisches Einleiterkabel

quellen ergeben sich aus der Bedingung, daß an der Leiter- und Manteloberfläche je überall das gleiche Potential herrschen muß. Es muß also im besonderen für die Punkte P_3 und P_4

$$\varphi_3 = \varphi_4 = \frac{Q}{2\pi\varepsilon} \ln \frac{2R + y}{2R - x} = \frac{Q}{2\pi\varepsilon} \ln \frac{y}{x}$$

und für die Punkte P_5 und P_6

$$\varphi_5 = \varphi_6 = \frac{Q}{2\pi\varepsilon} \ln \frac{R - (e - r) + y}{R - x - (e - r)} = \frac{Q}{2\pi\varepsilon} \ln \frac{R - (e + r) + y}{r + e - (R - x)}$$

sein, woraus mit den Zahlenwerten

$$\frac{18 + y}{18 - x} = \frac{y}{x},$$

$$\frac{8 + y}{8 - x} = \frac{3 + y}{x - 3}$$

oder

$$7x^2 + 48x - 432 = 0.$$

Daraus ergibt sich

$$x = 5{,}14 \text{ mm},$$
$$y = 11{,}98 \text{ mm}.$$

Nun ist die Spannung zwischen Leiter und Mantel

$$U = \varphi_6 - \varphi_4 = \frac{Q}{2\pi\varepsilon} \ln \frac{y + 3}{x - 3} \cdot \frac{x}{y}$$

und damit die Kapazität je Längeneinheit

$$C = \frac{2\pi\varepsilon}{\ln \dfrac{x(y + 3)}{y(x - 3)}}.$$

Bei konzentrischer Anordnung ist andererseits

$$C_s = \frac{2\pi\varepsilon}{\ln \dfrac{R}{r}},$$

so daß

$$\frac{C}{C_s} = \frac{\ln \dfrac{R}{r}}{\ln \dfrac{x(y + 3)}{y(x - 3)}} = 1{,}168.$$

Die Kapazität hat sich also um etwa 17 v. H. erhöht.

10a Kapazitive Beeinflussung einer Doppelleitung durch eine längs einer geerdeten Wand verlegten Einfachleitung

Ein zylindrischer Hochspannungsleiter verläuft parallel zu einer auf Erdpotential befindlichen Wand und führt eine Wechselspannung von $U_1 = 5$ kV gegen Erde. Nach Bild 1 ist in einer durch die Hochspannungsleitung senkrecht auf der Wand liegenden Ebene eine unverdrillte Doppelleitung verlegt. Wie groß ist die in ihr durch kapazitive Beeinflussung induzierte Spannung, wenn die folgenden Abstände gegeben sind

$$\xi_0 = 6 \text{ cm},$$
$$e = 5 \text{ m},$$
$$s = 5 \text{ mm},$$
$$r_0 = 1 \text{ cm}.$$

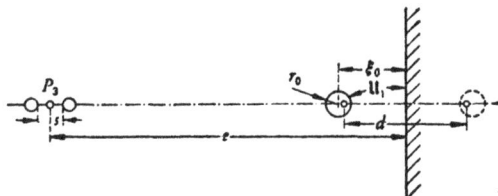

Bild 1 Leiteranordnung

Lösung: Man ersetze die Anordnung Wand-Hochspannungsleiter durch zwei Linienquellen. Nach I—(2117,11/1) wird dann

$$d = 11,83 \text{ cm}.$$

In P_3 errechnet sich daraus eine Feldstärke

$$|\mathfrak{E}| = \frac{Q\,d}{2\pi\,\varepsilon_0\,l\,(e^2 - d^2/4)} \approx \frac{Q\,d}{2\pi\,\varepsilon_0\,l\,e^2}$$

und damit die induzierte Spannung

$$U_2 = s\,|\mathfrak{E}|.$$

Hierin ergibt sich Q aus der Potentialgleichung für $\varphi_1 = U_1 = 5$ kV, und damit endgültig

$$U_2 = 48 \text{ mV}.$$

Vergleiche Band I: § 2117,11.

11 Elektrostatischer Druck in einem Plattenkondensator

Zwischen zwei Plattenelektroden wird eine Scheibe aus Condensa mit der Dielektrizitätszahl $\varepsilon = 80$ gebracht. Wie groß ist der auf sie ausgeübte Druck, wenn die Feldstärke 20 kV/cm beträgt?

Lösung: Nach I—(214,1/3) wird

$$p = \frac{\varepsilon}{2}\mathfrak{E}^2 = \frac{8,859\cdot 10^{-12}\cdot 80}{2}\,20^2\,\frac{\text{A s kV}^2}{\text{V m cm}^2} =$$

$$= 0,142\cdot 10^{-6}\cdot 10^4\,\text{W s/cm}^3 = 14,5\,\text{p/cm}^2.$$

Vergleiche Band I: § 214,1.

11a Zugkraft auf eine Isolierscheibe in einem Plattenkondensator

Mit welcher Kraft wird eine teilweise in einen Plattenkondensator hineinragende Condensaplatte in diesen hineingezogen, wenn die Feldstärke 20 kV/cm beträgt?

Lösung: Aus I—(214,2/8a) oder I—(214,1/7) (mit $\mathfrak{E}_{n1} = 0$) wird

$$p = 14,3\,\text{p/cm}^2.$$

Vergleiche Band I: § 214,2. § 214,1.

§ 3 Das stationäre elektrische Strömungsfeld

§ 31 Das räumliche Strömungsfeld

§ 311 Einführung

Die beiden wichtigsten Kenngrößen des räumlichen Strömungsfeldes sind die Feldstärke

$$|\mathfrak{E}| = \frac{\mathrm{d}\varphi}{\mathrm{d}n}$$

und die Stromdichte

$$|\mathfrak{G}| = \frac{\mathrm{d}I}{\mathrm{d}F}.$$

Zwischen beiden besteht die Beziehung

$$\mathfrak{E} = \varrho\,\mathfrak{G}; \quad \mathfrak{G} = \varkappa\,\mathfrak{E}$$

mit dem spezifischen Widerstand ϱ oder der Leitfähigkeit $\varkappa = 1/\varrho$.

Für die beiden Feldgrößen gelten noch die Integralgleichungen

$$U_{12} = \varphi_1 - \varphi_2 = \int\limits_1^2 \mathfrak{E}\,\mathrm{d}\mathfrak{s}$$

und

$$I = \int \mathfrak{G}\,\mathrm{d}\mathfrak{f}.$$

An Grenzflächen mit der Ladungsdichte σ ist

$$\mathrm{Div}\,\mathfrak{G} = -\frac{\partial\sigma}{\partial t}.$$

Bei räumlicher Ladungsverteilung mit der Dichte ϱ [*]) wird

$$\mathrm{div}\,\mathfrak{G} + \frac{\partial\varrho}{\partial t} = 0.$$

Die Quellen der elektrischen Strömungen sind die Ladungsänderungen.

Bei der stationären Strömung gilt außerhalb der Ladungen

$$\mathrm{div}\,\mathfrak{G} = 0; \quad \oint \mathfrak{G}\,\mathrm{d}\mathfrak{f} = 0; \quad \mathrm{Div}\,\mathfrak{G} = 0,$$

$$\mathrm{rot}\,\mathfrak{E} = 0; \quad \oint \mathfrak{E}\,\mathrm{d}\mathfrak{s} = 0; \quad \mathrm{Rot}\,\mathfrak{E} = 0.$$

Die in der Raumeinheit umgesetzte Leistung beträgt

$$N_1 = \varkappa\,\mathfrak{E}^2 = |\mathfrak{E}|\,|\mathfrak{G}| = \mathfrak{G}^2/\varkappa.$$

---

[*]) Die räumliche Ladungsdichte darf nicht mit dem spez. Widerstand ϱ verwechselt werden.

In endlichen Gebieten wird die Strömung beschrieben durch die Spannung U und die Stromstärke I. Ihr Verhältnis

$$U/I = R = \varrho\, l/F$$

heißt Widerstand.

Zwischen dem räumlichen Strömungsfeld und dem elektrostatischen Feld besteht weitgehende Analogie. Dies zeigt sich praktisch auch in der Beziehung

$$C R = \varepsilon \varrho = \varepsilon/\varkappa,$$

die eine Kapazitätsbestimmung aus einer Widerstandsmessung oder umgekehrt gestattet, wenn die Materialwerte ε und $\varkappa$ bekannt sind.

§ 312 Rechenbeispiele

1 Erdung eines Leitungsmastes

Die Erdung eines Leitungsmastes kann angenähert durch eine Halbkugel mit dem Durchmesser von $d = 1$ m dargestellt werden. Wie groß ist die Spannung des Mastes gegen einen weit entfernten Punkt der Erde, wenn bei einer Blitzentladung 20 000 A durch den Mast zur Erde abfließen? Wie groß ist die Schrittspannung im Abstand $a = 20$ m vom Mast? (Die Leitfähigkeit des Erdbodens betrage $\varkappa = 2 \cdot 10^{-4}$ S/cm.)

Lösung: Die Stromdichte im Abstand r ergibt sich zu $|\mathfrak{G}| = I/2\pi r^2$ und damit die Feldstärke

$$|\mathfrak{E}| = \frac{I}{2\pi\varkappa r^2}\,.$$

Damit wird die Spannung als Linienintegral der Feldstärke

$$U_{0\infty} = \int\limits_{r_0}^{\infty} \mathfrak{E}\, \mathrm{d}\mathfrak{s} = \frac{I}{2\pi\varkappa}\int\limits_{r_0}^{\infty}\frac{\mathrm{d}r}{r^2} = \frac{I}{2\pi\varkappa r_0},$$

worin r_0 den Halbmesser der Halbkugel bedeutet.

Es wird also

$$U_{0\infty} = \frac{2\cdot 10^4}{2\pi\cdot 2\cdot 10^{-4}\cdot 50}\,\frac{\mathrm{A\,cm}}{\mathrm{S\,cm}} = 318\,\mathrm{kV}.$$

Der Übergangswiderstand beträgt

$$R = \frac{U_{0\infty}}{I} = \frac{1}{2\pi\varkappa r_0} = \frac{10^4}{2\pi\cdot 2\cdot 50\,\mathrm{S\,cm}}\,\mathrm{cm} = 16\,\Omega.$$

Für eine Schrittlänge $s = 80$ cm ergibt sich im Abstand a die Schrittspannung

$$U_s = \int\limits_{a-\frac{s}{2}}^{a+\frac{s}{2}} \mathfrak{E}\, \mathrm{d}\mathfrak{s} = \frac{I}{2\pi\varkappa}\int\limits_{a-\frac{s}{2}}^{a+\frac{s}{2}}\frac{\mathrm{d}r}{r^2} = \frac{I}{2\pi\varkappa}\left(\frac{2}{2a-s} - \frac{2}{2a+s}\right)$$

oder
$$U_s = \frac{2sI}{\pi \varkappa (4a^2 - s^2)} \approx \frac{Is}{2\pi \varkappa a^2} = \frac{2\cdot10^4\cdot80}{2\pi\cdot2\cdot10^{-4}\cdot400}\frac{A\,cm^2}{S\,m^2},$$
$$U_s = 318\,\text{V}.$$

Vergleiche Band I: § 2216,1.

1 a Isolationswiderstand eines konzentrischen Einleiterkabels

Der Isolationswiderstand eines konzentrischen Einleiterkabels mit dem Innenleiterdurchmesser $d_i = 10$ mm und dem inneren Außenleiterdurchmesser $d_a = 24$ mm ist für eine Länge von 1 km zu ermitteln, wenn die Leitfähigkeit der Papierisolation $\varkappa = 10^{-14}$ S/cm beträgt.

Lösung: $R = 140\,\text{M}\Omega.$

Vergleiche Band I: § 2216,3.

1 b Abhören einer Erdtelegrafenleitung mit Hilfserdern

Die Erdungen zweier Erdtelegrafenstationen haben einen Abstand von $a = 100$ m. Der Telegrafierstrom beträgt 0,1 A. Welche Spannung kann man aus dem Erdboden in $r = 2$ km Entfernung entnehmen, wenn zwei Empfangserder mit

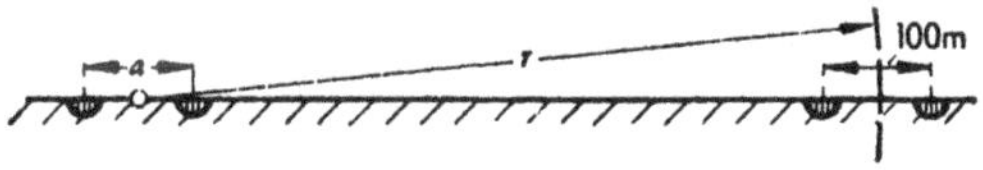

Bild 1 Anordnung der Erder

100 m Abstand in günstigste Stellung zum Strömungsfeld gebracht werden und eine Störung des Feldes durch die Abhörerder vernachlässigt werden kann. (Siehe Bild 1.) Die Leitfähigkeit des Erdbodens beträgt $\varkappa = 10^{-4}$ S/cm.

Lösung: Für irgendeinen Punkt im Abstand r ist
$$\varphi = \frac{I}{2\pi\varkappa r}$$
und daher die Abhörspannung
$$U = \frac{I}{2\pi\varkappa}\left(\frac{1}{r+a} - \frac{1}{r} - \frac{1}{r} + \frac{1}{r-a}\right) = 4\,\mu\text{V}.$$

Vergleiche Band I: § 2216,2.

2 Schrittspannung bei einem horizontalen Rohrerder

Ein Wasserleitungsrohr mit einem äußeren Durchmesser $d = 5$ cm hat eine Länge $l = 100$ m und ist im Abstand $h = 10$ m unter der Erdoberfläche verlegt. Das Rohr soll als Hochspannungserder benützt werden.

Welches ist der höchstens ableitbare Strom, wenn die Schrittspannung auf der Erdoberfläche an keiner Stelle 40 V überschreiten soll?

Für den höchstzulässigen Erdstrom ist der Feldstärken- und Potentialverlauf an der Erdoberfläche senkrecht zum Rohr zu bestimmen.

Die Leitfähigkeit des Erdreiches beträgt $3{,}18 \cdot 10^{-4}$ S/cm. Das Rohr soll als Ausschnitt eines unendlich langen Rohres ohne Eigenwiderstand betrachtet werden.

L ö s u n g: Durch Anordnung des Spiegelbildes wird die Aufgabe auf die Ermittlung des Feldes zweier gleicher Linienquellen zurückgeführt. Nach Bild 1 ist dann an der Erdoberfläche

$$\mathfrak{E}_x = 2\,\mathfrak{E}\,\cos\alpha = \frac{2I}{2\pi\varkappa l\,r}\frac{x}{r} = \frac{Ix}{\pi\varkappa l\,(h^2 + x^2)}$$

und die Schrittspannung für genügend große Werte von x:

$$U_s \approx |\mathfrak{E}_x|\,s = \frac{I\,s}{\pi\varkappa l}\frac{x}{h^2 + x^2}.$$

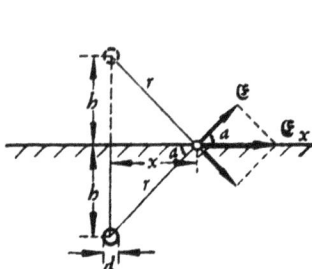

Bild 1 Ermittlung der Feldstärke

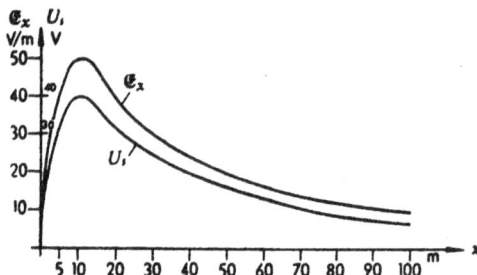

Bild 2 Verlauf der Feldstärke und Schrittspannung

Ihr Höchstwert ergibt sich aus

$$\frac{d}{dx}\frac{x}{h^2 + x^2} = \frac{h^2 - x^2}{(h^2 + x^2)^2} = 0$$

an der Stelle $x = \pm h$,

womit

$$I_{zul} = \frac{2\pi\varkappa l\,h}{s}\,U_{s\,max}$$

oder in Zahlen mit $s = 80$ cm

$$I_{zul} = \frac{2\pi \cdot 3{,}18 \cdot 10^{-4} \cdot 100 \cdot 10}{80}\,40\,\frac{\text{S m}^2\,\text{V}}{\text{cm}^2} = 10\,000\ \text{A}.$$

Daraus errechnet sich

$$\mathfrak{E}_x = \frac{10\,000 \cdot 10^4}{\pi \cdot 3{,}18 \cdot 100}\frac{x}{100\,\text{m}^2 + x^2}\frac{\text{A cm}}{\text{S m}} = \frac{10^3\,x}{100\,\text{m}^2 + x^2}\,\text{V} = \frac{10^3\,x}{100 + x^2\,\text{m}}\ \text{V} \quad (x \text{ in m});$$

und wenn man noch die Integrationsvariable mit ξ bezeichnet:

$$\varphi_x = \int\limits_x^0 |\mathfrak{E}_x|\,d\xi = \frac{I}{\pi\varkappa l}\int\limits_x^0 \frac{\xi}{h^2 + \xi^2}\,d\xi = -\frac{I}{2\pi\varkappa l}\ln\left(1 + \frac{x^2}{h^2}\right) =$$

$$= -500\ln\left(1 + \frac{x^2}{100\,\text{m}^2}\right)\text{V}.$$

Aus den folgenden Zahlenwerten

x	0	1	2	5	10	20	30	50	m
$100 + x^2$	100	101	104	125	200	500	1000	2600	m²
$\mathfrak{E}_x$	0	9,9	19,2	40	50	40	30	19,2	V/m
$-\varphi_x$	0	4,98	19,7	111,5	346	805	1150	1630	V
U_s	0	7,9	15,4	32	40	32	24	15,4	V

läßt sich dann der Verlauf der gesuchten Größen leicht darstellen (Bild 2).

Vergleiche Band I: § 2216,3.

§ 32 Das lineare Strömungsfeld. Gleichstromtechnik

§ 321 Einführung

Die Feldgleichungen des räumlichen Strömungsfeldes gehen durch Integration über Längen und Querschnitte in die spezielleren Gesetzesgleichungen über:

1. Das *Ohmsche Gesetz*

$$I = U/R ; \qquad R = \varrho\, l/F.$$

2. Die beiden *Kirchhoffschen Gesetze*

$$\Sigma I = 0 \text{ für jeden Knotenpunkt,}$$

$$\Sigma U = 0 \text{ für jeden geschlossenen Kreis.}$$

3. Das *Joulesche Gesetz*

$$N = I^2 R.$$

4. Die *Leistungsgleichung*

$$N = U I.$$

Das zweite Kirchhoffsche Gesetz wird auch häufig in der Form

$$\Sigma E = \Sigma I R$$

geschrieben. Zusammen mit dem Ohmschen Gesetz liefern die Kirchhoffschen Gesetze den Ersatzwiderstand bei der

Reihenschaltung von Widerständen

$$R = \Sigma R_n$$

und den Ersatzleitwert bei der

Parallelschaltung von Widerständen

$$\frac{1}{R} = \Sigma \frac{1}{R_n}.$$

Stromquellen besitzen einen *inneren Widerstand*, der einen Spannungsabfall innerhalb der Stromquelle zur Folge hat, so daß die Klemmenspannung

$$U = E - I R_i$$

um diesen kleiner ist als die innere elektromotorische Kraft.

§ 322 Rechenbeispiele

1 Widerstand einer Bleistiftmine

Der Widerstand einer Bleistiftmine ist zu berechnen, wenn ihre Länge $l = 17{,}5$ cm und ihr Durchmesser $d = 2$ mm beträgt. Der spezifische Widerstand ist 0,06 Ω cm. Welcher Strom fließt durch die Mine, wenn sie an eine Spannung von 4 V gelegt wird?

Lösung:

$$R = \varrho \frac{l}{F} = \frac{4\varrho l}{d^2 \pi} = \frac{4 \cdot 0{,}06 \cdot 17{,}5}{4 \cdot \pi} \frac{\Omega \; cm^2}{mm^2} = 33{,}4 \; \Omega,$$

$$I = \frac{U}{R} = \frac{4}{33{,}4} \frac{V}{\Omega} = 0{,}12 \; A.$$

Vergleiche Band I: § 2221,1.

1a Widerstand einer Eisenbahnschiene

Wie groß ist der Widerstand einer Eisenbahnschiene von der Länge $l = 16$ m, dem Gewicht $G = 750$ kg und der Wichte $\gamma = 7{,}8$ g/cm³, wenn die Leitfähigkeit $\varkappa = 0{,}8 \cdot 10^5$ S/cm beträgt? Wie groß ist der Strom beim Anlegen an eine Spannung von 0,1 V?

Lösung:

$$R = \frac{\gamma l^2}{\varkappa G} = 0{,}333 \cdot 10^{-3} \; \Omega; \quad I = 300 \; A.$$

1b Widerstand einer Spule

Der Widerstand einer einlagigen, zylindrischen Spule aus isoliertem Kupferdraht ist zu berechnen, wenn der Innendurchmesser $D = 30$ mm, die bewickelte Rohrlänge $L = 70$ mm beträgt und der Kupferleiter ($\varrho = 0{,}0175$ Ω mm²/m) einen Durchmesser von $d = 1$ mm hat und mit einer Baumwollumspinnung von der Dicke $\delta = 0{,}2$ mm versehen ist.

Lösung:

$$R = 4\varrho \frac{L}{d^2} \left(\frac{D}{d + 2\delta} + 1 \right) = 0{,}11 \; \Omega.$$

2 Innerer Widerstand einer Bleiakkumulatorzelle

In einem Bleiakkumulator liegt zwischen zwei negativen Platten im Abstand $a = 2$ cm eine positive Platte (Bild 1). Wie groß müssen die Platten sein, damit der innere Widerstand der Zelle $R_i = 3{,}85 \cdot 10^{-3}$ Ω wird, wenn die Leitfähigkeit der Schwefelsäure $\varkappa = 0{,}65$ S/cm beträgt?

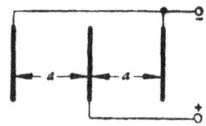

Bild 1
Anordnung der Platten

Lösung: Für ein Plattenpaar ist der Widerstand $R_i = a/(\varkappa F)$. Da die beiden Plattenpaare parallel geschaltet sind, wird daher

$$R_i = \frac{a}{2\varkappa F}$$

und

$$F = \frac{a}{2\varkappa R_i} = \frac{2 \cdot 10^3}{2 \cdot 0{,}65 \cdot 3{,}85} \frac{\text{cm} \cdot \text{cm}}{\text{S} \cdot \Omega} = 400\,\text{cm}^2.$$

Vergleiche Band I: § 2221,1. § 2221,2.

3 Meßfehler eines Spannungsmessers infolge Erwärmung

Zur Messung einer Gleichspannung $U = 10$ V wird ein Drehspulinstrument mit dem Spulenwiderstand $R_v = 1\,\Omega$ und einem aus $l = 4{,}21$ m langem Kupferdraht vom Durchmesser $d = 0{,}1$ mm bestehenden Vorwiderstand verwendet. Der spezifische Widerstand des Kupfers beträgt bei 20^0 C $\varrho_{20} = 0{,}0175\,\Omega\,\text{mm}^2/\text{m}$. Die Eichung des Spannungsmessers wurde bei 10^0 C vorgenommen. Wie groß ist der Meßfehler, wenn die Raumtemperatur auf 40^0 C ansteigt? (Kritische Temperatur des Kupfers $\vartheta_0 = -235^0$.)

Lösung: Die Vorschaltspule hat bei 20^0 C einen Widerstand

$$R_{20} = \varrho_{20} \frac{4l}{\pi\,d^2} = \frac{0{,}0175 \cdot 4 \cdot 4{,}21}{\pi \cdot 0{,}1^2} = 9{,}38\,\Omega.$$

Nach I—(221,3/13) ist

$$R_\vartheta = R_a(1 + \alpha\,\vartheta_{\ddot u}) = R_a\left(1 + \frac{\vartheta_{\ddot u}}{\vartheta_0 + \vartheta_a}\right).$$

Im vorliegenden Fall wird

$$\alpha = \frac{1}{235 + 20} = \frac{1}{255}\frac{1}{{}^0\text{C}},$$

also für 10^0 C

$$R_{10} = R_{20}\left[1 + \alpha(\vartheta - \vartheta_a)\right] = 9{,}38\left(1 - \frac{10}{255}\right)\Omega = 9{,}0\,\Omega,$$

und für 40^0 C

$$R_{40} = 9{,}38\left(1 + \frac{20}{255}\right)\Omega = 10{,}14\,\Omega.$$

Es ist daher die am Voltmeter liegende Spannung

$$\text{bei } 10^0\,\text{C:}\quad U_{v10} = R_v\,I_{10} = R_v\,\frac{U}{R_v + R_{10}},$$

$$\text{bei } 40^0\,\text{C:}\quad U_{v40} = R_{v40}\,I_{40} = R_{v40}\,\frac{U}{R_{v40} + R_{40}}.$$

Der prozentuale Meßfehler ist also, da: $R_{v40} = \dfrac{R_v}{R_{10}} \cdot R_{40} = 1{,}13\,\Omega,$

$$p = \frac{\varDelta U_v}{U_{v10}}100 = \frac{U_{v10} - U_{v40}}{U_{v10}}100 = \left(1 - \frac{R_v + R_{10}}{R_{v40} + R_{40}}1{,}13\right)100$$

oder

$$p = \left(1 - \frac{(1 + 9)\,1{,}13}{1{,}13 + 10{,}14}\right)100 \approx 3\,{}^0/_0.$$

Vergleiche Band I: § 221,3. § 22214,2.

3a Belastungsfähigkeit einer Spule

Welchen Strom kann eine zylindrische Spule vom Durchmesser $D = 32{,}8$ mm, der Länge $L = 70$ mm und dem Widerstand $R = 0{,}11\,\Omega$ bei $\vartheta = 15\,{}^0$C höchstens führen, wenn die zulässige Höchsttemperatur der Wicklung $\vartheta_1 = 90\,{}^0$ C und die Raumtemperatur $\vartheta_2 = 20\,{}^0$ C beträgt? Die Wärmeleitfähigkeit des Spulenkörpers soll vernachlässigbar klein sein. Die Wärmeabgabeziffer der Wicklungsoberfläche ist $\lambda = 1{,}5$ mW/cm$^2\,{}^0$C.

Lösung: Im stationären Zustand ist die zugeführte Stromwärme gleich der Wärmeabgabe, also

$$I^2 R_1 = F\,\lambda\,\vartheta_{\ddot u}$$

und

$$I^2 = \frac{F\,\lambda\,\vartheta_{\ddot u}}{R_1} = \frac{D\,\pi\,L\,\lambda\,(\vartheta_1 - \vartheta)\,(\vartheta_0 + \vartheta)}{R\,(\vartheta_0 + \vartheta_2)}$$

oder in Zahlen

$$I^2 = \frac{32{,}8 \cdot \pi \cdot 70 \cdot 1{,}5 \cdot 75 \cdot 250}{0{,}11 \cdot 325} \; \frac{\text{mm}^2 \cdot \text{mW} \cdot {}^0\text{C} \cdot {}^0\text{C}}{\text{cm}^2 \cdot {}^0\text{C} \cdot \Omega \cdot {}^0\text{C}} = 56{,}6 \; \text{A}^2,$$

also

$$I = 7{,}5 \; \text{A}.$$

Vergleiche Band I: § 221,3. § 2221,5.

3b Ermittlung der Ankertemperatur aus Kalt- und Warmwiderstandsmessungen

Bei einer Abnahmeprüfung wurde der Ankerwiderstand eines Gleichstromgenerators in kaltem und antriebswarmem Zustand gemessen, um daraus die Temperaturerhöhung der Ankerwicklung zu ermitteln. Die Widerstandsmessung erfolgte durch Strom- und Spannungsmessung. Im kalten Zustand ($\vartheta_1 = 19\,{}^0$C) war $U_1 = 0{,}110$ V; $I_1 = 4{,}73$ A; im warmen Zustand $U_2 = 0{,}1278$ V; $I_2 = 4{,}68$ A.

Lösung:

$$\vartheta_2 = 62{,}6\,{}^0\text{C}.$$

Wird der Widerstand $R_v = 1\,\Omega$ des Spannungsmessers berücksichtigt (er fälscht die Anzeige des Strommessers), so ergibt sich

$$\vartheta_2 = 65\,{}^0\text{C}.$$

Vergleiche Band I: § 221,3.

4 Parallel arbeitende Gleichstromgeneratoren

In einem 220-V-Gleichstromnetz wird die Belastung von $I = 800\,\text{A}$ von zwei parallel laufenden Generatoren geliefert, von denen der eine $I_1 = 200\,\text{A}$, der andere $I_2 = 600\,\text{A}$ liefern soll. Wie groß müssen die Leerlaufspannungen der Generatoren sein, wenn die inneren Widerstände $R_{i1} = 0{,}03\,\Omega$ und $R_{i2} = 0{,}02\,\Omega$ betragen? Wie groß ist der zwischen den Generatoren fließende Ausgleichsstrom?

Lösung:

$$E_1 = U + I_1\,R_{i1} = (220 + 200 \cdot 0{,}03)\,\text{V} = 226\,\text{V},$$

$$E_2 = U + I_2\,R_{i2} = (220 + 600 \cdot 0{,}02)\,\text{V} = 232\,\text{V},$$

$$I_0 = I_2 - \frac{I}{2} = \frac{I}{2} - I_1 = 200\,\text{A}.$$

Vergleiche Band I: § 22214,7.

5 Gleichstromschaltung

Zwei Stromquellen arbeiten gemäß der Schaltung, Bild 1, auf die drei Widerstände R_1, R_2, R_3. Wie groß sind die Ströme in den Widerständen und die Spannung am Widerstand R_3, wenn gegeben ist:

$E_1 = 110\,\text{V},$

$E_2 = 150\,\text{V},$

$R_1 = 10\,\Omega,$

$R_2 = 5\,\Omega,$

$R_3 = 4{,}7\,\Omega$?

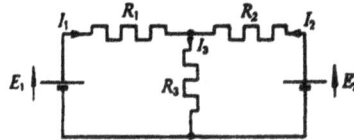

Bild 1 Gleichstromschaltung

Lösung: Vor Beginn der Rechnung müssen die Zählpfeile in das Schaltbild eingetragen werden (für I_1, I_2, I_3 und U_3). Die Kirchhoffschen Gesetze liefern dann für den Knotenpunkt und die beiden Kreise I und II

$$I_3 = I_1 + I_2,$$

$$E_1 - I_1 R_1 - I_3 R_3 = 0,$$

$$E_2 - I_2 R_2 - I_3 R_3 = 0,$$

woraus nach kurzer Zwischenrechnung

$$I_1 = \frac{E_1\,(R_2 + R_3) - E_2\,R_3}{R_1 R_2 + R_2 R_3 + R_3 R_1} = \frac{110 \cdot 9{,}7 - 150 \cdot 4{,}7}{50 + 23{,}5 + 47}\,\text{A} = 3{,}0\,\text{A},$$

$$I_2 = \frac{E_2 - E_1 + I_1 R_1}{R_2} = \frac{40 + 30}{5}\,\text{A} = 14\,\text{A},$$

$$I_3 = 17\,\text{A},$$

$$U_3 = I_3 R_3 = 80\,\text{V}.$$

6 Gleichstromschaltung

Für die Schaltung nach Bild 1 ist der Ersatzwiderstand, der Gesamtstrom und die Spannung am Widerstand R_5 zu berechnen, wenn gegeben sind:

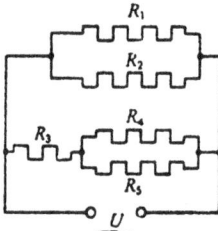

Bild 1
Widerstandsschaltung

$$U = 100\,\text{V},$$
$$R_1 = 400\,\Omega,$$
$$R_2 = 200\,\Omega,$$
$$R_3 = 10\,\Omega,$$
$$R_4 = 900\,\Omega,$$
$$R_5 = 100\,\Omega.$$

L ö s u n g : Die Ersatzwiderstände für die beiden parallelgeschalteten Hauptzweige sind

$$R_1' = \frac{R_1\,R_2}{R_1 + R_2} = \frac{400\cdot 200}{600}\,\Omega = 133\,\Omega,$$

$$R_2' = R_3 + \frac{R_4\,R_5}{R_4 + R_5} = 10 + \frac{900\cdot 100}{1000}\,\Omega = 100\,\Omega,$$

also

$$R = \frac{R_1'\,R_2'}{R_1' + R_2'} = \frac{133\cdot 100}{233}\,\Omega = 57{,}1\,\Omega,$$

ferner

$$U_5 = U - I_3\,R_3 = U - \frac{U}{R_2'}\,R_3 = U\left(1 - \frac{R_3}{R_2'}\right)$$

oder

$$U_5 = 100\left(1 - \frac{10}{100}\right)\text{V} = 90\,\text{V}.$$

Vergleiche Band I: § 2221,2.

6a Gleichstromschaltung

Es liegen eine Anzahl gleicher Widerstandselemente von $0{,}5\,\Omega$ und einer Belastungsfähigkeit von $200\,\text{W}$ vor. In welcher Anzahl und Schaltung sind diese zu verbinden, damit die Kombination bei $110\,\text{V}$ einen Strom von $40\,\text{A}$ aufnimmt?

L ö s u n g : Es sind zwei parallele Stromkreise mit je elf Elementen erforderlich.

6b Belastung einer Gleichstromquelle

Eine Gleichstromquelle hat eine EMK von $E = 6\,\text{V}$ und einen inneren Widerstand von $R_i = 600\,\Omega$.

Wie groß ist die in einem Verbraucher mit $R = 3000\,\Omega$ Widerstand aufgenommene Leistung? Wie ändert sich die Leistung mit dem Verbraucherwiderstand, und bei welchem Widerstand wird die größtmögliche Leistung aufgenommen? Wie groß ist diese, und wie hoch ist dabei der Wirkungsgrad?

L ö s u n g : Aus $N = I^2 R$ wird

$$N = 8,34 \text{ mW}.$$

Mit

$$\frac{R}{R_i} = \alpha$$

ist

$$N = \frac{E^2}{R_i} \frac{\alpha}{(1 + \alpha)^2}$$

und

$$N_{max} = \frac{E^2}{4 R_i} = 15 \text{ mW} \quad \text{bei} \quad R = R_i.$$

Der Verlauf

$$N = f(\alpha)$$

ist im Bild 1 dargestellt.

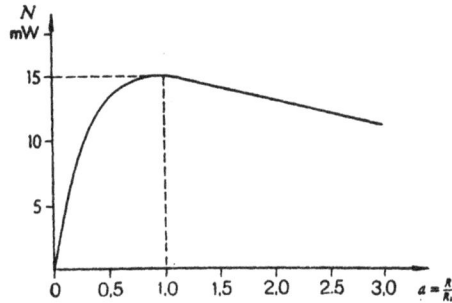

Bild 1 Leistungsaufnahme bei veränderlichem Verbraucherwiderstand

Der Wirkungsgrad ist

$$\eta = \frac{N_{max}}{N_{\text{Gesamt}}} = 0,5 = 50\,\%.$$

6c Verhalten des Dreileiternetzes bei abgeschaltetem Nulleiter

In einer Gleichstrom-Dreileiteranlage von 2×220 V wurde versehentlich der Nulleiter abgetrennt, als gerade eine Netzbelastung im Verhältnis 1 : 3 bestand (siehe Bild 1). Wie groß sind die Teilspannungen U_1 und U_2 der beiden Netzhälften?

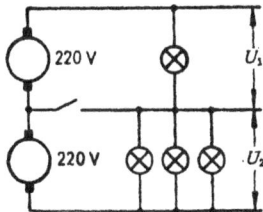

Bild 1 Dreileiteranlage mit offenem Nulleiter

L ö s u n g : Da die Teilwiderstände vom gleichen Strom durchflossen werden, verhalten sich die Spannungen wie die Teilwiderstände.

$$U_1 = 330 \text{ V} ; \qquad U_2 = 110 \text{ V}.$$

7 Spannungs- und Leistungsverlauf beim Spannungsteiler

An einem Spannungsteiler mit dem Gesamtwiderstand $R = 100\,\Omega$ liegt eine primäre Spannung $U = 220$ V. Er ist am Teilwiderstand R_2 durch einen Verbraucher mit dem Widerstand R_v belastet.

Welches ist der Verlauf

1. der Sekundärspannung U_2,
2. der vom Verbraucher aufgenommenen Leistung,
3. der Verlustleistung im Spannungsteiler,
4. des Wirkungsgrades

in Abhängigkeit vom abgegriffenen Widerstand R_2 für die Belastungswiderstände $R_v = 5\,\Omega,\ 30\,\Omega,\ \infty$?

L ö s u n g : Die Sekundärspannung ergibt sich aus dem Spannungsverhältnis

$$\frac{U_2}{U} = \frac{\dfrac{R_2\,R_v}{R_2 + R_v}}{(R - R_2) + \dfrac{R_2\,R_v}{R_2 + R_v}} = \frac{1}{\dfrac{R - R_2}{R_v} + \dfrac{R}{R_2}}.$$

Die vom Verbraucher aufgenommene Leistung ist

$$N_2 = \frac{U_2^2}{R_v} = U^2 \frac{R_v\,R_2^2}{[R_2\,(R - R_2) + R\,R_v]^2}.$$

Für die Verlustleistung im Spannungsteiler erhält man dann die Differenz

$$N_{\mathrm{verl}} = N - N_2 = U I_1 - U_2 I_v,$$

oder mit

$$I_v\,R_v = I_2\,R_2 = (I_1 - I_v)\,R_2\,;$$

$$I_1 = \frac{U_2}{R_v}\frac{R_v + R_2}{R_2}\,;$$

$$N_{\mathrm{verl}} = \frac{U\,U_2}{R_v}\frac{R_v + R_2}{R_2} - \frac{U_2^2}{R_v} = N_2\left(\frac{U}{U_2}\frac{R_v + R_2}{R_2} - 1\right).$$

N_{verl} wird am größten, wenn:

$$R_2 = + \frac{R - 4\,R_v}{2} + \frac{1}{2}\,\sqrt{(R - 4\,R_v)^2 + 12\,R\,R_v}.$$

Der Wirkungsgrad wird schließlich

$$\eta = \frac{N_2}{N} = \frac{U_2^2}{R_v}\frac{R_v\,R_2}{U\,U_2\,(R_v + R_2)} = \frac{U_2}{U}\frac{1}{1 + R_v\,R_2}.$$

Zur zahlenmäßigen Auswertung fertigt man am einfachsten Tabellen an. Soll die Rechnung oft wiederholt werden, so empfiehlt sich auch der Entwurf eines Nomogrammes. Dies soll hier etwa zur Bestimmung der Sekundärspannung geschehen. Die Gleichung wird dann vorteilhaft reziprok genommen und liefert umgestellt und unter Einsatz des Zahlenwertes von R

$$\frac{1}{R_v}(100 - R_2) = \frac{U}{U_2} - \frac{100}{R_2}.$$

Damit entspricht sie der Form II—(181,2/12)

$$\mathbf{F}_1\,(\alpha) \cdot \mathbf{G}_3\,(\gamma) = \mathbf{F}_2\,(\beta) + \mathbf{F}_3\,(\gamma)$$

und beschreibt ein Parallel-Kurvennomogramm.

Die Trägergleichungen wären jetzt

$$x_1 = 0; \qquad\qquad y_1 = l\,\frac{1}{R_v};$$

$$x_2 = m\,c_2; \qquad\qquad y_2 = l\,\frac{1}{U_2/U};$$

$$x_3 = \frac{m\,c_2}{1 - (100 - R_2)}; \qquad y_3 = \frac{l}{m\,c_2}\,x_3\,\frac{R}{R_2}.$$

Darin sind noch die Maßstäbe m, l und die Konstante c_2 so zu wählen, daß das Nomogramm eine günstige Form bekommt. Dabei sind vorerst die Bereiche maßgebend, innerhalb welcher die einzelnen Größen dargestellt werden sollen. Das ist etwa für $R_v = 5 \ldots \infty$ und $U_2 = 10 \ldots 220\,\mathrm{V}$. Damit ergäben sich für y_1 und y_2 Skalenlängen von $l\,(0{,}2 - 0) = 0{,}2\,l$ und $l\,(22 - 1) = 21\,l$. Die Träger wären also in der Länge sehr verschieden und würden ein unbrauchbares Nomogramm liefern. Eine Änderung des Maßstabes l betrifft beide Skalen, ist also wirkungslos. Es muß vielmehr die Funktion y_1 etwa mit 100 multipliziert werden, damit die Skalenlänge jener von y_2 ungefähr gleich wird. Das gelingt aber durch Umformen der Ausgangsgleichung auf

$$\frac{100}{R_v}\left(1 - \frac{R_2}{100}\right) = \frac{220}{U_2} - \frac{100}{R_2}.$$

Die Träger für y_1 und y_2 würden dann je eine Länge von etwa 20 cm erhalten. Soll das Nomogramm ungefähr einen Raum von $13 \times 13\,\mathrm{cm}^2$ einnehmen, so ist als Maßstab in der y-Richtung $l = 0{,}5$ zu wählen*).

Wenn für R_2 etwa der Bereich von $20 \cdots 100\,\Omega$ gewählt wird, dann ergibt sich für das neue $G_3\,(\gamma)$

$$x_3 = \frac{m\,c_2}{1 - 1 - R_2/100} = \frac{100\,m\,c_2}{R_2}; \qquad y_3 = \frac{l}{m\,c_2}\,x_3\,\frac{100}{R_2} = 0{,}5\left(\frac{100}{R_2}\right)^2$$

und es liegen die Koordinaten des Kuventrägers

$$x_3 \text{ zwischen } m c_2 \text{ und } 5\,m c_2 \text{ cm},$$

$$y_3 \text{ zwischen } 0{,}5 \text{ und } 12{,}5 \text{ cm}.$$

y_3 ist von der noch offenen Wahl von $m c_2$ unabhängig und paßt bereits in die gewünschten Abmessungen. Um x_3 auf maximal 10 cm Länge zu bringen, ist also $m c_2 = 2$ zu wählen.

Die endgültigen Trägergleichungen lauten also (die Längen alle in cm, die Widerstände in Ω und die Spannungen in V eingesetzt)

$$x_1 = 0; \qquad y_1 = \frac{50}{R_v},$$

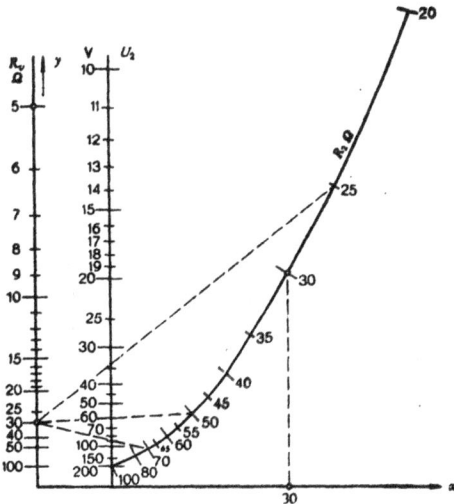

Bild 1 Nomogramm zur Gleichung für U_2 Bild 2a Kartesische Darstellung

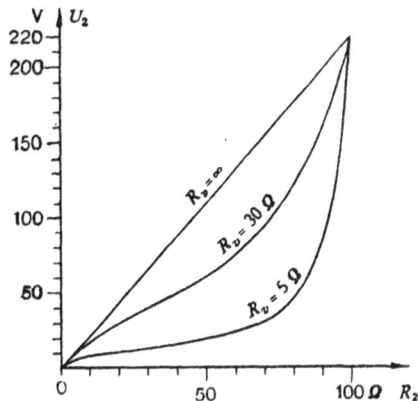

---

*) Im Bild 1 ist alles im Verhältnis 1:2 verkleinert.

$$x_2 = 2; \qquad y_2 = \frac{110}{U_2},$$

$$x_3 = \frac{200}{R_2}; \qquad y_3 = 0{,}5\left(\frac{100}{R_2}\right)^2 = 0{,}5\left(\frac{x_3}{2}\right)^2.$$

Damit kann das Nomogramm, Bild 1, leicht gezeichnet werden. Zunächst entwirft man die beiden reziproken Leiter für R_v und U_2 im gegenseitigen Abstand

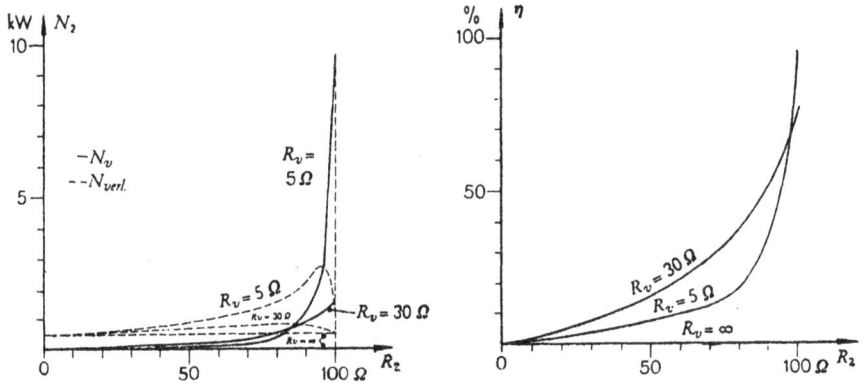

Bild 2b und c Kartesische Darstellung

von 2 cm. Daraufhin rechnet man die x_3 und y_3 und setzt sie zur Kurve für R_2 zusammen, wie es für den Punkt $R_2 = 30\,\Omega$ eingetragen ist. Nunmehr kann U_2 für jedes beliebige R_v und R_2 entnommen werden, wie es beispielsweise für $R_v = 30\,\Omega$, $R_2 = 25; 50; 70\,\Omega$ eingezeichnet ist. Trägt man die erhaltenen Werte in kartesischen Koordinaten auf, so erhält man die Kurven des Bildes 2a.

Die anderen Kurven (2b und c) erhält man durch Übertragung der folgenden Tabellenwerte

R_2	U_2			$N_2 = U_2^2/R_v$			$N = \dfrac{U \cdot U_2}{R_v}\left(1+\dfrac{R_v}{R_2}\right)$			$N_{verl} = N - N_2$			R_2	N_{verl} (max)		η		
	R_v $=5$	R_v $=30$	R_v $=\infty$	R_v $=5$	R_v $=30$	R_v $=\infty$	R_v $=5$	R_v $=30$	R_v $=\infty$	R_v $=5$	R_v $=30$	R_v $=\infty$		R_v $=5$	R_v $=30$	R_v $=5$	R_v $=30$	R_v $=\infty$
0	0	0	0	0	0	0	484	484	484	484	484	484	95,6	2650		0	0	0
25	11,6	33,9	55	26	38,3	0	613	548	484	587	510	484	85,4		800	4,2	7	0
50	18,3	60	110	67	120	0	885	704	484	818	584	484				7,6	17	0
75	34,8	101,5	165	242	343	0	1630	1045	484	1388	702	484				14,9	33	0
100	220	220	220	9680	1615	0	10180	2100	484	500	485	484				95	77	0

Vergleiche Band I: § 22214,3. Band II: § 181,2.

8 Änderung des Meßbereiches eines Strommessers

Der Strommesser eines Meßplatzes hat bei 15 mV Spannungsabfall an seinen Klemmen einen Meßbereich von 0,5 mA. Dieser Bereich soll auf den dreifachen Wert erweitert werden. Welche Schaltung ist zu wählen, wenn sich der Gesamtwiderstand beim Umschalten nicht ändern soll? Wie groß sind die erforderlichen Widerstände, und um welchen Betrag erhöht sich der Eigenverbrauch des Meßgerätes nach dem Umschalten bei Vollausschlag?

Lösung: Zur Erweiterung des Meßbereiches ist ein Nebenwiderstand R_n erforderlich. Die dadurch bedingte Widerstandserniedrigung ist durch einen entsprechenden Vorwiderstand auszugleichen. Der Instrumentenwiderstand ist

$$R_a = \frac{15 \text{ mV}}{0,5 \text{ mA}} = 30 \, \Omega \, .$$

Zur Erhöhung des Meßbereiches auf den 3fachen Wert ist ein Nebenwiderstand von

$$R_n = \frac{R_a}{3 - 1} = 15 \, \Omega$$

erforderlich. Der Vorschaltwiderstand ergibt sich dann aus

$$R_v = R_n - \frac{R_a \, R_n}{R_a + R_n} = 20 \, \Omega \, .$$

Der Eigenverbrauch des Strommessers ist

$$N_a = I_a \, U_a = 0,5 \cdot 15 \text{ mA} \cdot \text{mV} = 7,5 \, \mu\text{W}.$$

Nach dem Umschalten kommt noch hinzu

$$(2 \, I_a)^2 \, R_n + (3 \, I_a)^2 \, R_v = 60 \, \mu\text{W}.$$

Der Gesamtverbrauch ist dann also 67,5 μW.

Vergleiche Band I: § 22214,2.

8a Vor- und Nebenwiderstände bei Leistungsmessern

Ein Leistungsmesser für 25 V $\times$ 5 A soll zur Leistungsmessung in einem 220 V-Netz (Höchstspannung 250 V) bei maximalen Strömen von bis 100 A verwendet werden. Die Spannungsspule ist für 25 mA ausgelegt, die Stromspule verbraucht bei Nennstrom 60 mV. Wie groß sind die erforderlichen Vor- und Nebenwiderstände?

Lösung:

$$R_v = 9000 \, \Omega,$$
$$R_A = 0,6 \, \text{m}\Omega.$$

Vergleiche Band I: § 22214,2.

8b Widerstandsmessung durch Strom- und Spannungsmessung

Für die Widerstandsmessung nach der umstehenden Schaltung Bild 1 mit $U = 220$ V, $R = 200 \, \Omega$ stehen folgende Meßgeräte zur Verfügung: Ein Strommesser mit einem Meßbereich von 0,300 A bei 150 Skalenteilen und einem inneren Widerstand von $R_A = 5 \, \Omega$, und ein Spannungsmesser mit einem Meßbereich von 75 V bei 150 Skalenteilen und einer Leistungsaufnahme von 2,25 W bei Vollausschlag.

Wie groß müssen die Vor- und Nebenwiderstände gemacht werden bei zweckmäßiger Anpassung der neuen Meßbereiche an die Skalenteilungen?

Was zeigen Strom- und Spannungsmesser an?

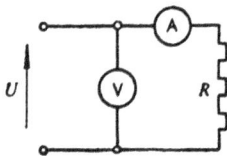

Bild 1
Widerstandsmessung

Wie groß ist der Fehler, den man macht, wenn man den Widerstand aus dem Quotienten der Meßgerätangaben errechnet?

Wie lautet die Gleichung für die exakte Berechnung von R?

Lösung: Der neue Meßbereich des Strommessers wird mit 1,5 A gewählt; damit wird der Nebenwiderstand

$$R_a = 1,25 \, \Omega.$$

Der neue Meßbereich des Spannungsmessers wird mit 300 V gewählt. Damit ergibt sich ein Vorwiderstand von

$$R_v = 7500 \, \Omega.$$

Die Instrumente zeigen an

$$U = 220 \, V,$$

$$I = 1,095 \, A.$$

Durch Division erhielte man einen Widerstand von

$$R' = 201 \, \Omega.$$

Der Fehler ist also

$$\delta = 0,5 \, \%.$$

Der exakte Ansatz zur Widerstandsberechnung ist

$$R = \frac{U}{I} - \frac{R_A \, R_a}{R_A + R_v}.$$

Vergleiche Band I: § 22214,2.

9 Spannungsabfall in einer Stichleitung

Eine Gleichstromzentrale mit $U = 220 \, V$ beliefert nach Bild 1 einen in $l = 1,2$ km Entfernung befindlichen Industrie-Abnehmer, der einen Höchstverbrauch von $I = 15 \, A$ hat, über eine Stichleitung. In 750 m Entfernung zweigt eine Leitung zu einem ½ km entfernten Verbraucher

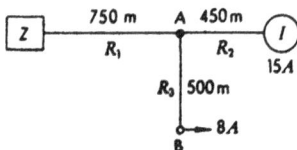

Bild 1 Schaltbild der Anlage

ab, der 8 A abnimmt. Beide Verbraucher sollen bei Vollast eine Spannung von 220 V erhalten. Die Zentrale erhöht demgemäß ihre Spannung um den Spannungsabfall in der Leitung. Mit Rücksicht auf unmittelbar in der Zentrale angeschlossene Verbraucher soll diese Spannungserhöhung nicht mehr als 5 % betragen. Andererseits soll die Spannung beim Industrieabnehmer nicht über 223 V ansteigen, wenn bei konstanter Zentralenspannung der Verbraucher in B abgeschaltet wird.

Mit welchen Querschnitten sind die Leitungen auszulegen, wenn als Leitungsmaterial Kupfer verwendet wird?

Lösung: Der Spannungsabfall ist bei Vollast $\Delta_1 U = 5 \cdot 220/100 \,\text{V} = = 11 \,\text{V}$, bei abgeschaltetem Verbraucher 8 V, die Zentralenspannung also 231 V. Für die Spannungsabfälle ergeben sich dann die Gleichungen

$$23 R_1 + 15 R_2 = 11,$$
$$23 R_1 + 8 R_3 = 11,$$
$$15 R_1 + 15 R_2 = 8,$$

woraus man mit Hilfe der Determinanten

$$D = \begin{vmatrix} 23 & 15 & 0 \\ 23 & 0 & 8 \\ 15 & 15 & 0 \end{vmatrix} = -8 \cdot \begin{vmatrix} 23 & 15 \\ 15 & 15 \end{vmatrix} = -120 \cdot 8 = -960;$$

$$D_1 = \begin{vmatrix} 11 & 15 & 0 \\ 11 & 0 & 8 \\ 8 & 15 & 0 \end{vmatrix} = -8 \cdot \begin{vmatrix} 11 & 15 \\ 8 & 15 \end{vmatrix} = -120 \cdot 3 = -360;$$

$$D_2 = \begin{vmatrix} 23 & 11 & 0 \\ 23 & 11 & 8 \\ 15 & 8 & 0 \end{vmatrix} = -8 \cdot \begin{vmatrix} 23 & 11 \\ 15 & 8 \end{vmatrix} = -8 \cdot 19 = -152:$$

$$D_3 = \begin{vmatrix} 23 & 15 & 11 \\ 23 & 0 & 11 \\ 15 & 15 & 8 \end{vmatrix} = -15 \cdot \begin{vmatrix} 23 & 11 \\ 15 & 8 \end{vmatrix} = -15 \cdot 19 = -285;$$

die Widerstände

$$R_1 = 360/960 = 0{,}375 \,\Omega,$$
$$R_2 = 152/960 = 0{,}158 \,\Omega,$$
$$R_3 = 285/960 = 0{,}297 \,\Omega$$

erhält. Aus der allgemeinen Beziehung

$$R = \varrho\, 2\, l/F; \quad F = \varrho\, 2\, l/R$$

ergeben sich damit die Querschnitte zu

$$F_1 = 0{,}0175 \,\frac{1500}{0{,}375} \,\text{mm}^2 = 70 \,\text{mm}^2,$$

$$F_2 = 0{,}0175 \,\frac{900}{0{,}158} \,\text{mm}^2 = 100 \,\text{mm}^2,$$

$$F_3 = 0{,}0175 \,\frac{1000}{0{,}297} \,\text{mm}^2 = 59 \,\text{mm}^2.$$

Wählt man die genormten Querschnitte 70 mm², 95 mm² und 50 mm², so ergeben sich folgende Spannungsverhältnisse:

Bei Vollbelastung ist

$$\Delta_1' U = (23 \cdot 0{,}375 + 15 \cdot 0{,}158 \cdot 100/95) \, V = 11{,}1 \, V,$$

$$\Delta_1'' U = (23 \cdot 0{,}375 + 8 \cdot 0{,}297 \cdot 59/50) \, V = 11{,}4 \, V$$

und bei Abschaltung von B

$$\Delta_2 U = 15 \cdot (0{,}375 + 0{,}158 \cdot 100/95) \, V = 8{,}1 \, V.$$

Vergleiche Band I: § 22214,1. Band II: § 11,2.

9a Spannungsabfall in einer Ringleitung

Eine Ringleitung wird gemäß Bild 1 an eine Gleichstromzentrale angeschlossen. Wie groß muß der Leitungsquerschnitt gewählt werden, damit der größte Spannungsabfall 6 % nicht überschreitet?

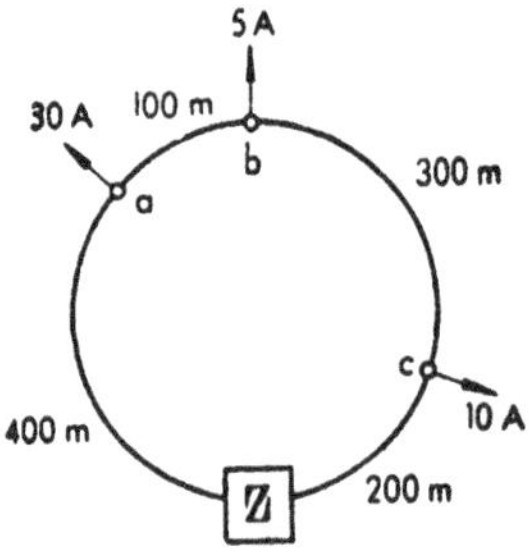

Bild 1
Schaltbild der Ringleitung

Lösung: Nach Wahl der positiven Strompfeile und Anwendung der Kirchhoffschen Gesetze findet man zunächst die Teilströme

$$I_1 = 22{,}5 \, A: \qquad I_3 = 12{,}5 \, A,$$
$$I_2 = -7{,}5 \, A: \qquad I_1 = 22{,}5 \, A.$$

Die tatsächliche Stromrichtung von I_2 ist also entgegengesetzt dem gewählten Richtungspfeil. Der Punkt a ist demnach der mit dem größten Spannungsabfall.

Dieser selbst wird

$$\Delta U = I_1 \varrho \, 2l/F,$$

woraus mit $U = 220 \, V$

$$F = I_1 \varrho \frac{2l}{\Delta U} = \frac{22{,}5 \cdot 0{,}0175 \cdot 800}{13{,}2} \frac{A \, \Omega \, mm^2 \, m}{mm^2 \, V} = 25 \, mm^2.$$

Vergleiche Band I: § 2221,3.

10 Leistung eines Heißwasserspeichers

Ein elektrischer Warmwasserspeicher wird von 23 Uhr bis 6 Uhr an das 220 V-Netz angeschaltet und liefert für ein Bad 250 l Wasser mit einer Temperatur von 35° C (Wirkungsgrad 100 %). Die Temperatur des Leitungswassers beträgt 13° C.

Wie groß ist der vom Heizkörper aufgenommene Strom und die Leistung? Welche Stromstärke müßte aufgenommen werden, wenn das Leitungswasser bei einer Ausströmgeschwindigkeit von 250 l/5 min fortlaufend auf die oben angegebene Endtemperatur gebracht werden soll?

L ö s u n g : Mit der spezifischen Wärme des Wassers von

$$c = 1 \frac{\text{kcal}}{\text{kg}\,^0\text{C}}$$

wird aus der Gleichsetzung der Wärmemenge mit der aufzuwendenden elektrischen Energie

$$G c \Delta \vartheta = U I t$$

$$I = \frac{G c \Delta \vartheta}{U t} = \frac{250 \cdot 1 \cdot 22}{220 \cdot 7} \frac{\text{kg kcal}\,^0\text{C}}{\text{kg}\,^0\text{C V h}} = 3{,}57 \frac{\text{kcal}}{\text{W h}} \text{A}.$$

Da

$$1\,\text{W s} = 0{,}24 \cdot 10^{-3}\,\text{kcal}$$

ist, wird

$$I = 3{,}57 \frac{10^3}{0{,}24 \cdot 3600} \frac{\text{W h}}{\text{W h}} \text{A} = 4{,}15\,\text{A}.$$

Die aufgenommene, elektrische Leistung ist

$$N = U I = 220 \cdot 4{,}15\,\text{W} = 913\,\text{W}.$$

Bei strömendem Wasser ist die in der Zeiteinheit zu erhitzende Wassermenge

$$G' = \frac{G}{t} = \frac{250}{5} \frac{l}{\text{min}} = 0{,}833 \frac{\text{kg}}{\text{s}}$$

und aus

$$G' c \Delta \vartheta = U I$$

$$I = \frac{G' c \Delta \vartheta}{U} = \frac{0{,}833 \cdot 1 \cdot 22}{220} \frac{\text{kg kcal}\,^0\text{C}}{\text{s kg}\,^0\text{C V}} = 348\,\text{A}.$$

V e r g l e i c h e B a n d I : § 2221,5. § 12,3.

10a Leistung eines elektrischen Kochtopfes

In einem elektrischen Kochtopf sollen 10 Liter Wasser von $12\,^0$C in 30 min auf Siedetemperatur gebracht werden.

Wie groß ist die hierzu erforderliche elektrische Leistung, wenn 15 % der Wärme durch Abstrahlung verloren gehen? Wie groß ist der Widerstand der Heizspirale?

L ö s u n g :

$$N = 2{,}41\,\text{kW},$$
$$R = 20{,}1\,\Omega.$$

§ 33 Elektronen- und Ionenströme

§ 331 Elektrizitätsleitung in Flüssigkeiten

§ 3311 Einführung

Die Elektrizitätsströmung in Flüssigkeiten ist eine Ionenströmung. Die Ionen entstehen in erster Linie durch elektrolytische Dissoziation und wandern im elektrischen Feld gemäß ihrer Ladungen in entgegengesetzten Richtungen. Dadurch wird der Elektrolyt bei Stromdurchgang zerlegt und scheidet an der Kathode Metallatome oder Wasserstoff, an der Anode die Nichtmetalle und Säurereste ab. Dabei können chemische Sekundärprozesse auftreten und das Bild verwickeln.

Für die Ausscheidung gilt das *Faradaysche Gesetz*, wonach zur Abscheidung eines Grammatoms eines Elementes oder eines Mols einer Verbindung stets die gleiche Elektrizitätsmenge $n\,F$ erforderlich ist. Dabei ist

$$F = 96\ 500\ \text{C}$$

die sogenannte Äquivalentladung und n die chemische Wertigkeit. Dieses Gesetz gilt für elektrolytische Lösungen, nicht aber bei isolierenden Flüssigkeiten.

§ 3312 Rechenbeispiele

1 Elektrolytische Nickelgewinnung

In einer Vernickelungsanstalt sollen bei täglich 8-stündiger Arbeitszeit täglich $G = 2$ kg Nickel verarbeitet werden. Welche Stromstärke muß die Stromquelle abgeben können?
(Atomgewicht des Nickels $A = 59$, Wertigkeit $n = 2$)

Lösung: Die erforderliche Elektrizitätsmenge ist

$$Q = \frac{n\,F\,G}{A} = \frac{2 \cdot 96500 \cdot 2}{59}\ \frac{\text{C kg}}{\text{g}} = 6{,}54 \cdot 10^6\ \text{C}$$

und damit die Stromstärke

$$I = \frac{Q}{t} = \frac{6{,}54 \cdot 10^6}{8}\ \frac{\text{C}}{\text{h}} = 227\ \text{A}.$$

Vergleiche Band I: § 23,2.

1a Elektrolytische Aluminiumgewinnung

In einem Aluminiumwerk werden in 24 Stunden 200 kg Aluminium durch Schmelzflußelektrolyse gewonnen. Die Spannung der Stromerzeuger beträgt 10 V Wie groß ist die erforderliche Stromstärke und die elektrische Leistung?
($A = 27{,}1$; $n = 3$).

Lösung:

$$I = 24\,800\ \text{A},$$
$$N = 248\ \text{kW}.$$

1b Strommessung mit dem Silvervoltameter

Bei einer Strommessung mit dem Silbervoltameter war die ausgeschiedene Silbermenge 0,059 g nach 10 s. Wie groß war die Stromstärke und welche Elektrizitätsmenge durchfloß das Voltameter? ($A = 107{,}3$; $n = 1$)

Lösung:

$$I = 5{,}3\ \text{A},$$
$$Q = 53\ \text{C}.$$

§ 332 Die Elektrizitätsleitung im Vakuum

§ 3321 Einführung

Im Vakuum ist die Elektrizitätsleitung eine reine Elektronenleitung. Die den Elektrizitätstransport durchführenden Elektronen müssen von außen in die Entladungsbahn gebracht werden. Meist geschieht dies durch Glühemission. Die bei der Temperatur T durch Glühemission von Metallen erreichbare, höchste Stromdichte ist nach Dushmann

$$|\mathfrak{G}_r| = a\,T^2\,e^{-\frac{b}{T}},$$

worin $a = 60{,}2\ \text{A/cm}^2\ \text{Grad}^2$ und $b = A_0/k$. Dabei ist A_0 die für jeden Stoff eigentümliche Austrittsarbeit und $k = 1{,}3797 \cdot 10^{-23}\ \text{Ws/Grad}$.

Die Elektronen vollführen in einem elektrischen Feld eine beschleunigte Bewegung, die den auf sie wirkenden Kräften $\mathfrak{P} = e\,\mathfrak{E}$ entsprechen. Umgekehrt können bewegte Elektronen gegen vorhandene Spannungen anlaufen, wobei ihre kinetische Energie aufgebraucht wird. Die der Geschwindigkeit v zugeordnete Anlaufspannung ist dann

$$U = \frac{m_r\,v^2}{2\,e}.$$

Für die bei der Glühemission auftretende mittlere Geschwindigkeit ergibt sich eine mittlere Anlaufspannung (Temperaturspannung) von

$$U_m = c\,T \quad \text{mit} \quad c = 8{,}6 \cdot 10^{-5}\ \text{V/Grad}.$$

Im „Anlaufgebiet“, das ist das Gebiet einer Vakuumentladung, wo die Elektronen gegen negative Spannungen anlaufen, gilt das *Anlaufgesetz*

$$I_a = I_s\,e^{-\frac{U_a}{U_m}} \quad \text{oder} \quad \ln\frac{I}{I_s} = -\frac{U_a}{U_m},$$

worin I_s der theoretisch höchstmögliche Strom (Sättigungsstrom) bei $U_a = 0$ ist.

Die durch die Elektronenbewegung auftretenden Raumladungen ergeben mit Annäherung von U_a gegen Null ein starkes Abweichen von diesem Gesetz, und mit zunehmender Spannung folgt die Strömung immer mehr dem *Raumladungsgesetz*

$$I = K\,U^{3/2},$$

wobei

$$K = K_p\,\frac{F}{d^2}; \quad K_p = 2{,}35\ \frac{\mu\text{A}}{\text{V}^{3/2}} \quad \text{für plattenförmige,}$$

$$K = K_z\,\frac{z}{r_A}; \quad K_z = 14{,}7\ \frac{\mu\text{A}}{\text{V}^{3/2}} \quad \text{für zylindrische}$$

Anordnung der Elektroden gilt (F Fläche und d Entfernung der Platten, bzw. l Länge und r_A Halbmesser der zylindrischen Anode, in deren Achse sich der Kathodenfaden befindet).

Hauptanwendungsgebiet der Elektrizitätsströmung im Vakuum bilden die Elektronenröhren. Bei der Dreipolröhre mit Kathode, Anode und Gitter ist dann die für die Stromausbildung maßgebende *Steuerspannung*

$$U_{St} = U_g + D U_a,$$

wobei U_g die Spannung am Gitter, U_a die Anodenspannung zwischen Anode und Kathode und D den für die Röhre eigentümlichen *Durchgriff* bedeutet. Andere Kenngrößen der Dreipolröhre sind die *Steilheit S* und der *innere Widerstand R_i,* Sie sind definiert durch die Gleichungen

$$D = - \frac{\partial U_g}{\partial U_a}\bigg|_{I_a = \text{konst.}} \quad ; \quad S = \frac{\partial I_a}{\partial U_g}\bigg|_{U_a = \text{konst.}} \quad ; \quad R_i = \frac{\partial U_a}{\partial I_a}\bigg|_{U_g = \text{konst.}} ;$$

so daß

$$D S R_i = 1.$$

Der Anodenstrom ist dabei

$$I = K U_{St}^{3/2}.$$

Zu jeder Anodenspannung gehört eine „Gitterspannungskennlinie" $I_a = f(U_g)$ der Röhre. Als Arbeitskennlinie definiert man die Abhängigkeit

$$I_a = f(U_g)_{R_a = \text{konst.}}$$

bei konstanter, äußerer Belastung R_a. Bei einer auf die Röhre arbeitenden Spannung E_a wird

$$U_a = E_a - I_a R_a.$$

§ 3322 Rechenbeispiele

1 Belastung einer Dreipolröhre

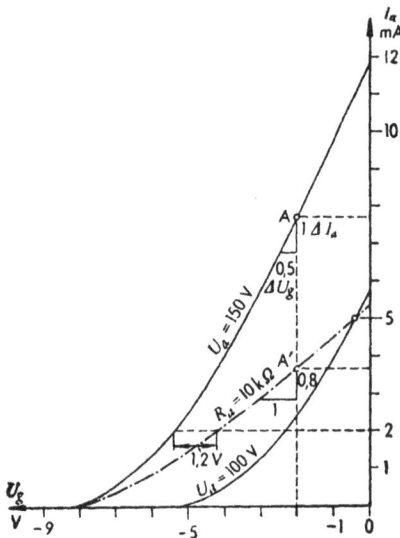

Bild 1 Kennlinien der Röhre

Bei einer Dreipolröhre sind die im Bild 1 gezeichneten Kurzschlußlinien für $U_a = 100$ V und 150 V aufgenommen worden.

Wie groß ist der Durchgriff der Röhre?

Wie groß ist der innere Widerstand der Röhre in dem mit A bezeichneten Arbeitspunkt?

Wie groß wird der Anodenstrom, wenn bei einer Anodenbatteriespannung von 150 V und einer Gitterspannung von − 2 V in den Anodenkreis ein Widerstand $R_a = 10 \text{ k}\Omega$ gelegt wird (*Arbeitskennlinie*)? Wird der Gittergleichspannung jetzt eine Gitterwechselspannung von 2 mV überlagert, so entsteht an R_a ebenfalls eine Wechselspannung. Wie groß ist diese und die in R_n verbrauchte Wechsel-stromleistung?

L ö s u n g : Der Durchgriff ergibt sich aus dem Abstand der aufgenommenen Kennlinien zu

$$D = \frac{\varDelta U_g}{\varDelta U_a}\bigg|_{I_a = \text{konst.}} = \frac{3}{50}\frac{V}{V} = 6\%.$$

Der innere Widerstand im Punkt A wird

$$R_i = \frac{1}{D\,S} = \frac{1}{D}\frac{\partial U_g}{\partial I_a} = \frac{1}{0,06}\frac{0,5}{1}\frac{V}{mA} = 8340\ \Omega.$$

Bei Belastung der Röhre mit R_n ist die Arbeitskennlinie maßgebend. Sie wird erhalten, wenn man berücksichtigt, daß zu gleichen Anodenströmen jetzt um $\varDelta U_a = I_a R_a$ kleinere Anodenspannungen gehören. Bei gleichem Anodenstrom rückt also der Kennlinienpunkt auf einer Parallelen zur Abszissenachse um die Strecke $D \cdot \varDelta U_a = DI_a R_a = 0,06 \cdot 10 \cdot I_a\,\text{k}\Omega = 600\,I_a\,\Omega$ nach rechts, da ja der Abstand zweier Kennlinien stets durch $D \cdot \varDelta U_a$ gegeben ist. Trägt man also von den Punkten für $I_a = 1 : 2 : 3 \ldots$ mA der Gitterspannungskennlinie für 150 V die Strecken $600\,I_a = 0,6 ; 1,2 ; 1,8 \ldots$ V ab, so erhält man die Punkte der Arbeitskennlinie für die Anodenbatteriespannung von 150 V. Für $U_g = -2\,V$ findet man daraus den Anodenstrom

$$I_a = 3,7\ \text{mA}.$$

Die am Gitter überlagerte Wechselspannung $U_{g\sim}$ verursacht zunächst Anodenwechselströme von der Größe

$$I_{a\sim} = S_a U_{g\sim},$$

wobei S_a die Steilheit im Betriebspunkt der Arbeitskennlinie bedeutet. Die am Widerstand R_a auftretende Wechselspannung ist also

$$U_{a\sim} = I_{a\sim} R_a = S_a R_a U_{g\sim}.$$

Aus dem Bild entnimmt man $S_a = 0,8\ \dfrac{mA}{V}$, so daß

$$U_{a\sim} = 0,8 \cdot 10^4 \cdot 2 \cdot 10^{-3}\frac{mA\,\Omega\,V}{V} = 16\ \text{mV}.$$

Die im Widerstand verbrauchte Wechselstromleistung ist

$$N_\sim = \frac{U_{a\sim}^2}{R_a} = \frac{16^2 \cdot 10^{-6}}{10^4}\frac{V^2}{\Omega} = 25.6 \cdot 10^{-9}\ \text{W}$$

V e r g l e i c h e B a n d I : § 23324,1. B a n d III.

1 a Verstärkerröhre

An einer Verstärkerröhre mit dem Durchgriff $D = 3,3\%$ wurden bei einer Anodenspannung $U_a = 200\,V$ folgende Werte für die Gitterspannungskennlinie (Kurzschlußkennlinie) aufgenommen:

$U_g =$	-8	-7	-6	-5	-4	-3	-2	-1	0	V
$I_a =$	0	$0,5$	$1\ 2$	$2,5$	$4,5$	$7,5$	11	15	19	mA

Für nunmehr nacheinander in den Anodenkreis eingeschaltete Widerstände von 2000 Ω; 10000 Ω und 50000 Ω sind die Arbeitskennlinien und die an den Widerständen auftretenden Wechselspannungen und Wechselstromleistungen anzugeben, wenn bei einer Gittervorspannung von −3 V an das Gitter eine Wechselspannung von 1 V Scheitelwert gelegt wird.

Lösung: Die Kennlinien sind im Bild 1 aufgetragen. Die Anodenwechselspannungen (Effektivwerte) sind

$$U_2 = 3{,}32 \text{ V}; \qquad U_{10} = 8{,}62 \text{ V}; \qquad U_{50} = 14{,}15 \text{ V},$$

die Leistungen

$$N_2 = 5{,}5 \text{ mW}; \qquad N_{10} = 7{,}4 \text{ mW}; \qquad N_{50} = 4{,}0 \text{ mW}.$$

2 Strahlablenkung in der Braunschen Röhre

Der Elektronenstrahl in einem Kathodenstrahloszillographen durchläuft nach Bild 1 ein elektrisches Feld, das sich zwischen den 1,5 cm breiten, im Abstand $d = 17$ mm befindlichen Ablenkplatten ausbildet, an die eine Spannung von $U = 400$ V gelegt wird. Wie groß ist der Ablenkwinkel α, wenn die Anodenspannung $U_a = 1000$ V beträgt?

Lösung: Für den Ablenkwinkel erhält man

$$\operatorname{tg} \alpha = \frac{v_l}{v},$$

Bild 1 Kennlinien der Verstärkerröhre

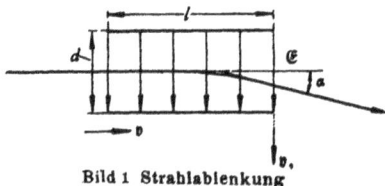

worin mit der Zeit $t = l/v$, innerhalb der sich ein Elektron im elektrischen Feld befindet

$$v_l = b\,t = \frac{e\,|\mathfrak{E}|\,l}{m_e\,v} = \frac{e\,U\,l}{m_e\,d\,v}.$$

b ist dabei die vom Elektron im elektrischen Feld angenommene Beschleunigung. Da andererseits

Bild 1 Strahlablenkung

wird

$$e\,U_v = \frac{m_e\,v^2}{2},$$

$$\frac{v_l}{v} = \frac{l}{d}\,\frac{e\,U}{m_e\,v^2} = \frac{l}{2d}\,\frac{U}{U_a}$$

und

$$\alpha = \operatorname{arctg} \frac{l}{2\,\alpha}\,\frac{U}{U_a} = \operatorname{arctg} \frac{15 \cdot 0{,}4}{34 \cdot 1} = 10^0.$$

Vergleiche Band I: § 23324,2.

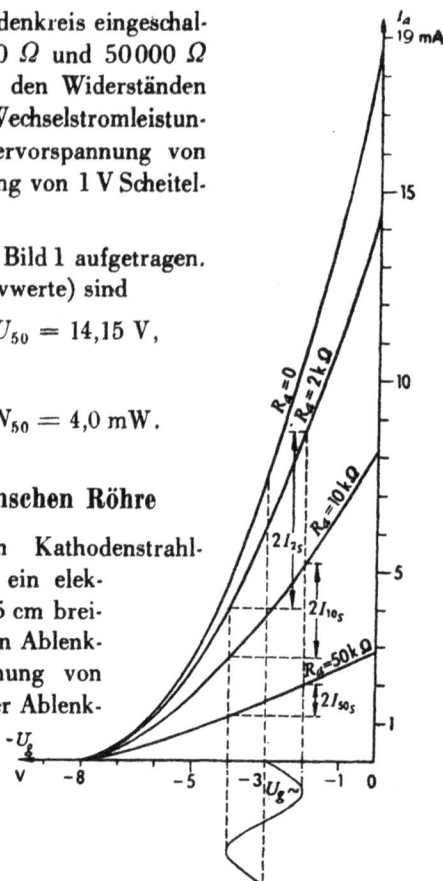

§ 333 Die Elektrizitätsleitung in Gasen

§ 3331 Einführung

Beim Elektrizitätstransport in Gasen sind Ionen und Elektronen beteiligt. Die Leitung ist bis zu bestimmten Feldstärken unselbständig, muß also von außen durch Glühemission oder Bestrahlung ermöglicht werden, darüber hinaus aber selbständig, so daß es eines solchen äußeren Eingriffes nicht bedarf. Das technisch bedeutendere Gebiet ist das der selbständigen Entladung, deren Mechanismus vor allem durch die Erscheinung der Stoßionisation beschrieben wird. Für diese ist die Ionisierungszahl α von ausschlaggebender Bedeutung, die aus der Stoßfunktion

$$\frac{\alpha}{p} = A\,\mathrm{e}^{-\frac{B}{|\mathfrak{E}|/p}}$$

gefunden werden kann, in der A und B Materialkonstante und p den Gasdruck bedeuten.

Zur Bestimmung der Zündspannung U_z, bei der die Entladung beginnt, selbständig zu werden, gilt für plattenförmige Elektroden

$$\alpha\,d = \ln\left(1 + \frac{1}{\gamma}\right) \quad \text{oder} \quad (\alpha - \beta)\,d = \ln\frac{\alpha}{\beta},$$

je nachdem, ob das Selbständigwerden durch Auslösen von Elektronen aus der Kathode beim Aufprallen der Ionen (wofür die Elektrisierungszahl γ maßgebend ist) oder durch Stoßionisation auch der Ionen (wofür die Elektrisierungszahl β maßgebend ist) bedingt ist. Aus den empirisch bekannten Kurven für die Elektrisierungszahlen kann die Feldstärke ermittelt werden, bei der die Elektrisierungszahlen der Zündbedingung entsprechen und damit auch die Zündspannung

$$U_z = |\mathfrak{E}_z|\,d$$

errechnet werden.

Da die Zündspannung nach *Paschen* nur eine Funktion des Produktes aus Druck und Elektrodenabstand

$$U_z = \mathrm{F}\,(p\,d)$$

ist, kann leicht auf andere Anordnungsverhältnisse umgerechnet werden, wenn die Bedingungen für eine Anordnung bekannt sind.

Von praktischer Bedeutung sind unter den vielen Entladungsformen die charakteristischen Formen der Glimmentladung und der Bogenentladung. Für die Bogenentladung, die eine fallende Kennlinie hat, hat sich die empirische Gleichung von *Ayrton*

$$U_b = \alpha + \frac{\beta}{I} = a + b\,l + \frac{c + d\,l}{I}$$

bewährt, die die Bogenspannung in Abhängigkeit von der Lichtbogenlänge l und den Strom I beschreibt. a, b, c, d sind Materialkonstante.

§ 3332 Rechenbeispiele

1 Überschlagspannung von Luft bei ebenen Elektroden

Welche Spannung kann an eine ebene, in Luft von 0,25 at angeordnete Funkenstrecke höchstens angelegt werden, bevor Überschlag eintritt, wenn der Elektrodenabstand $d = 5$ mm beträgt und die Zündbedingung die Form $\alpha d = 2,3$ hat? (Für die Stoßfunktion ist für Luft $A = 14,61/\text{cm Torr}$, $B = 365 \text{ V/cm Torr}$.)

Lösung: Zunächst ist umzurechnen 0,25 at $= 760 \cdot 0,25$ Torr $= 190$ Torr. In die Stoßfunktion eingesetzt, ergibt dies

$$\alpha = 190 \cdot 14,6 \, e^{-\,365 \cdot 190 \, \text{V}/(|\mathfrak{E}| \, \text{cm})} \, \frac{1}{\text{cm}} = \frac{2780}{e^{\,69\,300 \, \text{V}/(|\mathfrak{E}| \, \text{cm})}} \, \frac{1}{\text{cm}}.$$

Aus der Zündbedingung ist

$$\alpha = \frac{2,3}{0,5} \, \frac{1}{\text{cm}} = 4,6 \, \frac{1}{\text{cm}},$$

damit wird

$$e^{\,69\,300 \, \text{V}/(|\mathfrak{E}| \, \text{cm})} = \frac{2780}{4,6} = 604,$$

$$|\mathfrak{E}| = \frac{69\,300}{\ln 604} \, \frac{\text{V}}{\text{cm}} = 10\,800 \, \frac{\text{V}}{\text{cm}}$$

und

$$U_z = |\mathfrak{E}| \, d = 5,4 \text{ kV}.$$

Vergleiche Band I: § 2334,1.

2 Ähnlichkeitsgesetz von Paschen

Die Abhängigkeit der Durchbruchsfeldstärke ebener Elektroden von der Schlagweite in Luft bei 1 at zeigt das Bild 1. Wie groß ist die Zündspannung und die Durchschlagsfeldstärke bei 4 at und $d = 0,5$ cm?

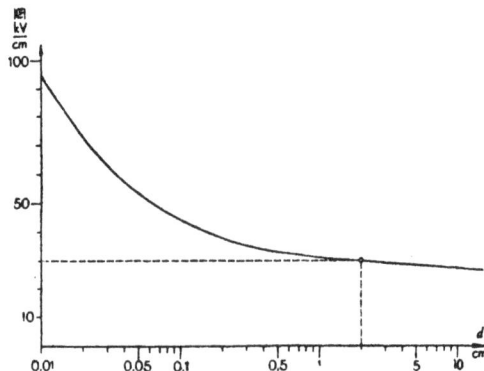

Bild 1 Durchbruchfeldstärke zwischen ebenen Elektroden

L ö s u n g : Nach dem Paschenschen Ähnlichkeitsgesetz ist die Zündspannung eine Funktion von pd. Sie ist im vorliegenden Fall also für $p_2 = 4$ at und $d_2 = 0,5$ cm dieselbe wie für $p_1 = 1$ at und $d_1 = 2$ cm, die der nebenstehenden Kurve entnommen werden kann. Es ist also

$$(U_z)_{\substack{p=4\,\text{at} \\ d=5\,\text{mm}}} = (U_z)_{\substack{p=1\,\text{at} \\ d=2\,\text{cm}}} = d_1 \, (|\mathfrak{E}_0|)_{\substack{p=1\,\text{at} \\ d=2\,\text{cm}}} = 2 \cdot 30 \text{ kV} = 60 \text{ kV}.$$

Die Durchbruchsfeldstärke wird für die neuen Verhältnisse

$$(|\mathfrak{E}_0|)_{\substack{p=4\,\text{at} \\ d=5\,\text{mm}}} = \frac{U_z}{d_2} = \frac{60 \text{ kV}}{0,5 \text{ cm}} = 120 \frac{\text{kV}}{\text{cm}}.$$

V e r g l e i c h e B a n d I : § 2334,1.

3 Kohlelichtbogen

Für den Kohlelichtbogen in Luft sind die Konstanten der Ayrtonschen Gleichung

$$a = 39 \text{ V}; \qquad c = 12 \text{ W};$$
$$b = 21 \text{ V/cm}; \qquad d = 105 \text{ W/cm}.$$

Welches ist bei Anschluß an eine Gleichspannung $U = 80$ V der kleinstmögliche Strom, bei dem der Bogen bei einer Länge von $l = 3$ mm noch stabil brennt, und wie groß ist der erforderliche Vorwiderstand?

L ö s u n g : Die Ermittlung erfolgt am besten auf graphischem Wege. Zunächst zeichnet man nach Bild 1 die Bogenkennlinie nach der Ayrtonschen

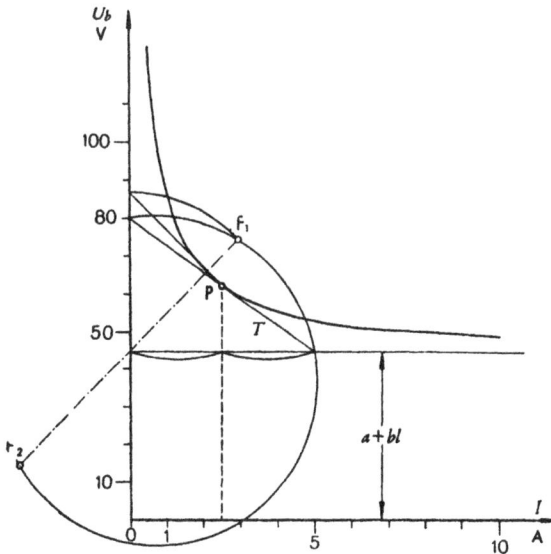

Bild 1 Lichtbogenkennlinie

Gleichung mit $l = 0,3$ cm. Vom Punkt $U = 80$ V der Ordinatenachse liefert dann der Berührungspunkt der Tangente den kleinstmöglichen Strom

$$I_{min} = 2,5 \text{ A}$$

bei einer Bogenspannung von 62 V.

Der erforderliche Vorwiderstand ergibt sich aus der Tangente des Neigungswinkels der Kurventangente zu

$$R = \frac{80 - 62}{2,5} \, \Omega = 7,2 \, \Omega .$$

Vergleiche Band I: § 2334,4.

§ 4 Das stationäre elektromagnetische Feld; Gleichstrom

§ 41 Das elektromagnetische Feld im Vakuum

§ 411 Einführung

In der Umgebung eines stromdurchflossenen Leiters entsteht immer ein magnetisches Feld, das konstant bleibt, wenn sich der Strom im Leiter nicht ändert (Gleichstrom). Die „Stärke" des Feldes wird durch zwei Feldgrößen bestimmt. Die *Erregung* — meist *Feldstärke* genannt — ist der je Längeneinheit wirkende Strombelag, also definitionsgemäß

$$|\mathfrak{H}| = \frac{w\,I}{l}.$$

Die zweite, eigentliche physikalische Feldintensität wird magnetische *Feldstärke* oder *Induktion* genannt und ergibt sich als Proportionalitätskonstante des *Kraftgesetzes* zwischen magnetischem Feld und stromdurchflossenem Leiter

$$P = B\,I\,l\sin\alpha,$$

in Vektorform

$$\mathfrak{P} = F\,l\,[\mathfrak{G}\,\mathfrak{B}].$$

oder des *Induktionsgesetzes* eines in einem Magnetfeld bewegten Leiters

$$E = B\,l\,v\sin\alpha,$$

in Vektorform je Längeneinheit

$$\mathfrak{E} = [\mathfrak{v}\,\mathfrak{B}].$$

Die beiden Feldgrößen sind nicht unabhängig voneinander. Es ist vielmehr

$$\mathfrak{B} = \mu_0\,\mathfrak{H}$$

mit

$$\mu_0 = 1{,}256 \cdot 10^{-8}\,\frac{V\,s}{A\,cm} = 4\pi\,10^{-7}\,\frac{V\,s}{A\,m}.$$

Das Kraftgesetz kann noch in die Form

$$P = B\,Q\,v\sin\alpha$$

oder

$$\mathfrak{P} = Q\,[\mathfrak{v}\,\mathfrak{B}]$$

gebracht werden, wenn man den Strom durch bewegte Ladung ersetzt. Ebenso findet man auch für das Induktionsgesetz die zweite Form

$$E = -w\,\frac{d\Phi}{dt},$$

worin

$$\Phi = \int_F \mathfrak{B}\,d\mathfrak{f}$$

den magnetischen Fluß durch die Fläche F bedeutet.

Im stationären magnetischen Feld gilt ferner das *Durchflutungsgesetz*

$$\oint \mathfrak{H}\,d\mathfrak{s} = \Sigma\,I$$

oder in der Differentialform

$$\mathrm{rot}\,\mathfrak{H} = \mathfrak{G}.$$

§ 412 Rechenbeispiele

1 Elektronenstrahl im Magnetfeld

In ein homogenes, magnetisches Feld von der Stärke $\mathfrak{B} = 1000\,\mathrm{G}$ werden senkrecht zur Feldrichtung Elektronen mit der Geschwindigkeit $v = 50\,000$ km/s in Form eines Kathodenstrahles geschleudert. Welche Bahnen beschreiben die Elektronen (Masse des Elektrons bei der gegebenen Geschwindigkeit $m_e = 9,1 \cdot 10^{-28}$ g, Elementarladung $e = 1,6 \cdot 10^{-19}$ C).

L ö s u n g : Die auf die Elektronen wirkende Kraft

$$\mathfrak{P} = -e\,[\mathfrak{v}\,\mathfrak{B}] = e\,[\mathfrak{B}\,\mathfrak{v}]$$

ist konstant und steht senkrecht zur Bewegungsrichtung. Es bleibt also die Bahngeschwindigkeit v konstant, und es entsteht eine kreisförmige Zentralbewegung, die durch die Gleichsetzung der am Elektron angreifenden Beschleunigungskraft mit der Zentrifugalkraft beschrieben wird. Es ist also

$$e\,B\,v = \frac{m_e\,v^2}{r},$$

woraus

$$r = \frac{m_e\,v}{e\,B} = \frac{9,1 \cdot 10^{-28} \cdot 5 \cdot 10^4}{1,6 \cdot 10^{-19} \cdot 10^3}\,\frac{\mathrm{g\,km}}{\mathrm{C^2\,G}} = 2,84\ \mathrm{mm}.$$

Ein Kreisumlauf erfolgt in der Zeit

$$\tau = \frac{2\,r\,\pi}{v} = \frac{2\,\pi\,m_e}{e\,B} = \frac{2 \cdot \pi \cdot 2,9}{5 \cdot 10^4}\,\frac{\mathrm{mm\,s}}{\mathrm{km}} = 0,357 \cdot 10^{-9}\ \mathrm{s}.$$

(Prinzip der Magnetronröhre.)

V e r g l e i c h e B a n d I. § 4121,5.

1a Elektronenbahnen in der Magnetronröhre

Bei einer Magnetronröhre nach Bild 1 sei angenommen, daß das elektrische Feld nur unmittelbar an der Kathode wirkt. Die aus der Kathode austretenden Elektronen beschreiben dann Kreisbahnen. Wie groß darf die magnetische Feldstärke B höchstens sein, damit die Elektronen die Anode erreichen? Wie groß ist dann die Laufzeit der Elektronen?

Die durchlaufene Anodenspannung ist $U = 2000$ V. Der Halbmesser der Anode beträgt $r_A = 3$ cm.

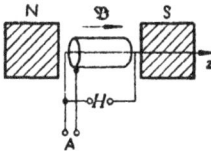

Bild 1
Magnetronröhre

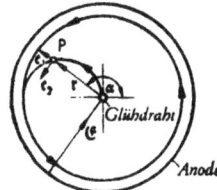

Bild 2
Elektronenbahnen
in der Magnetronröhre

L ö s u n g : Aus der durchlaufenen Spannung ergibt sich die Geschwindigkeit und damit

$$B_0 = \frac{2}{r_A} \sqrt{\frac{2 m_e}{e} U} = 100 \text{ G},$$

$$\tau = 1{,}77 \cdot 10^{-9} \text{ s}.$$

2 Kraft zwischen zwei parallelen, stromdurchflossenen Leitern

Am Ende einer Doppelleitung, deren Leiter einen gegenseitigen Abstand von $a = 0{,}5$ m haben, ist ein Kurzschluß eingetreten.

Wie groß ist die Kraft, mit der sich die beiden Leiter auf einer Länge von $1 = 50$ m (Mastabstand) beeinflussen, wenn der Kurzschlußstrom $I = 3000$ A beträgt?

L ö s u n g : Man findet zunächst das magnetische Feld $\mathfrak{H}$, das vom einen Leiter am Ort des anderen hervorgerufen wird, aus dem Durchflutungsgesetz

$$\mathfrak{H} \, 2 a \pi = I \quad \text{zu} \quad \mathfrak{H} = I / (2 a \pi).$$

Dann ist die Kraft am zweiten Leiter

$$P = B \, l \, l = \frac{\mu_0 I^2 l}{2 a \pi} = \frac{1{,}256 \cdot 10^{-8} \cdot 9 \cdot 10^6 \cdot 50}{2 \cdot 0{,}5 \cdot \pi} \frac{\text{Vs A}^2 \text{ m}}{\text{A cm m}} = 18{,}4 \text{ kp}.$$

V e r g l e i c h e   B a n d   I :   § 4123,1.   § 4133,1.

3 Stab im Trommelanker einer Gleichstrommaschine

Ein Stab aus der Wicklung eines Trommelankers hat die Länge $1 = 60$ cm und befindet sich an einer Stelle des Magnetfeldes, an der die mittlere Flußdichte $B = 8000$ G beträgt. In dem Stab fließt ein Strom von $I = 40$ A, der Ankerhalbmesser ist $R = 20$ cm, die Ankerdrehzahl $n = 3000/\text{min}$.

Wie groß ist der Beitrag des Stabes zum Drehmoment und zur mechanischen Leistung des Trommelankers? Wie groß ist die im Stab induzierte EMK?

L ö s u n g : Nach dem Kraftgesetz ist $P = B I l$, also das Drehmoment

$$M_d = P r = B I l r = 8 \cdot 10^3 \cdot 40 \cdot 60 \cdot 20 \text{ G A cm}^2 = 384 \cdot 10^6 \cdot 10^{-8} \text{ W s} =$$
$$= 3{,}84 \cdot 10{,}2 \text{ kp cm} = 39{,}2 \text{ kp cm}.$$

Der Beitrag an der mechanischen Leistung ist

$$N = M_d \, \omega = 3{,}84 \cdot 2 \pi \cdot 3000 \, \frac{\text{W s}}{\text{min}} = 1{,}2 \text{ kW}.$$

Die induzierte EMK ergibt sich aus dem Induktionsgesetz zu

$$E = B l v = B l 2 \pi R n = 30 \text{ V}.$$

V e r g l e i c h e B a n d I : § 4121,4. § 4121,5.

4 Induktionswirkung zweier Spulen

In der Mitte einer 30 cm langen Zylinderspule mit dem inneren Durchmesser von $d_1 = 2$ cm und $w_1 = 2830$ Windungen ist eine zweite Wicklung mit $w_2 = 100$ Windungen und einem mittleren Durchmesser $d_2 = 2{,}2$ cm angeordnet, an deren Enden ein ballistisches Galvanometer (Ausschlag proportional der stoßweise durchgeflossenen Elektrizitätsmenge) angeschlossen ist. Der Widerstand des Galvanometers beträgt einschl. jenes der inneren Spule $R = 60 \, \Omega$.

In der äußeren Spule fließt ein Strom von $I = 1$ A. Wird dieser gewendet, so zeigt das Galvanometer einen Ausschlag von $+ 2$ Skalenteilen.

Welche Elektrizitätsmenge fließt durch das Galvanometer?

Wie groß ist die Galvanometerkonstante in C/Skalenteil?

L ö s u n g : Nach dem Induktionsgesetz ist die in der zweiten Spule induzierte Spannung

$$u = - w_2 \frac{\mathrm{d}\Phi}{\mathrm{d}t}.$$

Sie ruft einen Strom von der Größe

$$i = \frac{u}{R} = - \frac{w_2}{R} \frac{\mathrm{d}\Phi}{\mathrm{d}t}$$

hervor. Die bei der Stromwendung umgesetzte Elektrizitätsmenge ist

$$Q = \int i \, \mathrm{d}t = - \frac{w_2}{R} \int_{\Phi_1}^{\Phi_2} \mathrm{d}\Phi = \frac{w_2}{R} (\Phi_1 - \Phi_2) = \frac{2 w_2}{R} \Phi,$$

wobei vor und nach der Stromwendung derselbe magnetische Fluß, aber mit entgegengesetztem Vorzeichen, auftritt,

$$\Phi_2 = - \Phi_1 = - \Phi.$$

Nun ist aber

$$\Phi = B F = \mu_0 H F = \frac{\mu_0 I w_1 d_2^2 \pi}{l \, 4},$$

also

$$Q = \frac{\mu_0 \, I \, w_1 \, w_2 \, d_2^2 \, \pi}{2 \, l \, R} = \frac{1{,}256 \cdot 10^{-8} \cdot 1 \cdot 2830 \cdot 100 \cdot 2{,}2^2 \, \pi}{2 \cdot 30 \cdot 60} \frac{\text{V s A cm}^2}{\text{A cm}^2 \, \Omega}$$

oder

$$Q = 15 \cdot 10^{-6} \, \text{C}.$$

Die Konstante des Galvanometers errechnet sich zu

$$C = \frac{Q}{2} = 7{,}5 \cdot 10^{-6} \, \text{C} \,/\, \text{Skalenteil}.$$

Vergleiche Band I: § 4121,6.

4a Erdinduktor

Eine um eine vertikale Achse drehbare Spule (*Erdinduktor*) mit 150 Windungen und einem mittleren Durchmesser von 35 cm wird so aufgestellt, daß die Windungsebene senkrecht zur Nordsüdrichtung steht. An den Induktor ist ein ballistisches Galvanometer angeschlossen, das bei einer Drehung der Induktorspule um 180° einen Ausschlag von 26 Skalenteilen zeigt.

Wie groß ist die Horizontalkomponente des Erdfeldes am Aufstellungsort, wenn Induktorspule und Galvanometer einen Widerstand von zusammen 60 Ω haben und die Galvanometerkonstante $0{,}37 \cdot 10^{-6}$ C/Skalenteil beträgt?

Lösung:

$$B_h = 0{,}2 \, \text{G}.$$

5 Ringspule ohne Eisen

Eine gleichmäßig bewickelte Ringspule mit kreisförmigem Querschnitt hat die im Bild 1 angegebenen Abmessungen. Ihre Wicklung besteht aus fünf Lagen Kupferdraht von $2r = 0{,}4$ mm Durchmesser und mit Baumwollisolation von $\delta = 0{,}1$ mm Stärke.

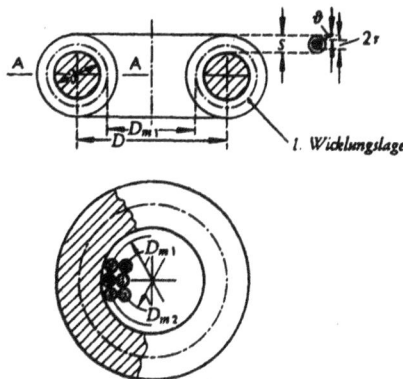

Bild 1 Abmessungen der Ringspule

Wie groß ist die mittlere Erregung, die Feldstärke und der magnetische Fluß bei einem Spulenstrom von $I = 0,2\,\mathrm{A}$?

Lösung: Zunächst ergibt sich die Windungszahl aus

$$w = 5\,\frac{D_{lm}\,\pi}{2\,(r + \delta)} = 2,5\,\pi\,\frac{D - d - 2,5\,(r + \delta)}{r + \delta} = 2020.$$

Nach dem Durchflutungsgesetz wird ferner

$$\mathfrak{H}_m = \frac{I\,w}{D\,\pi} = \frac{0,2 \cdot 2020}{10\,\pi}\,\frac{\mathrm{A}}{\mathrm{cm}} = 0,4\,\pi\,\frac{40,4}{\pi}\,\ddot{\mathrm{O}} = 16,16\,\ddot{\mathrm{O}},$$

$$\mathfrak{B}_m = \mu_0\,\mathfrak{H}_m = 1,256 \cdot \frac{40,4}{\pi}\,10^{-8}\,\frac{\mathrm{V\,s\,A}}{\mathrm{A\,cm^2}} = 16,15\,\mathrm{G},$$

$$\Phi = \mathfrak{B}_m\,F = \frac{16,15 \cdot \pi \cdot 4}{4}\,\mathrm{G\,cm^2} = 50.7\,\mathrm{M}.$$

Vergleiche Band I: § 4123,4.

§ 42   Das elektromagnetische Feld in Materie

§ 421   Einführung

Bei Vorhandensein von Materie ändert sich die Feldstärke auf den M-fachen Wert, wobei M eine Materialkonstante ist. Es wird also (Zeiger 0 für die Größen im Vakuum)

$$\mathfrak{B} = M\,\mathfrak{B}_0 = \mu_0\,M\,\mathfrak{H}_0 = \mu_0\,M\,\mathfrak{H} = \mu\,\mathfrak{H}$$

mit

$$\mu = \mu_0\,M.$$

M ist für dia- und paramagnetische Körper eine Konstante; für ferromagnetische Körper wird es mit zunehmender Erregung immer kleiner. Die Abhängigkeit der Feldstärke $|\mathfrak{B}|$ von der Erregung $|\mathfrak{H}|$ wird durch die Magnetisierungslinie — genauer durch die Hysteresisschleife — angegeben. Induktions- und Kraftgesetz behalten ihre Form, nur ist μ_0 durch μ zu ersetzen.

Für die Energie des magnetischen Feldes ergibt sich je Raumeinheit

$$W_{1m} = \int\limits_0^{\mathfrak{H}} \mathfrak{H}\,\mathrm{d}\,\mathfrak{B},$$

was bei konstanter Permeabilität in die Formen

$$W_{1m} = \frac{\mu}{2}\,\mathfrak{H}^2 = \frac{\mathfrak{B}\,\mathfrak{H}}{2} = \frac{1}{2\,\mu}\,\mathfrak{B}^2$$

gebracht werden kann.

Zum Aufbau des Feldes ist ein entsprechender Energiebetrag elektrisch aufzubringen. Die Erhaltung des Feldes erfolgt energielos. Beim Abbau des Feldes wird der gleiche Energiebetrag wieder frei und kann in elektrische Energie umgewandelt werden.

An Grenzflächen gelten für nicht ferromagnetische Substanzen die Gleichungen

$$\text{Rot}\,\mathfrak{H} = 0\,; \qquad \mathfrak{H}_{t2} = \mathfrak{H}_{t1}\,,$$
$$\text{Div}\,\mathfrak{B} = 0\,; \qquad \mathfrak{B}_{n2} = \mathfrak{B}_{n1}\,.$$

Sind in einem magnetischen Pfad solche Grenzflächen vorhanden, z. B. Eisen und Luft, dann muß an der Grenzfläche also

$$\varPhi_1 = \mathfrak{B}_{n1}\,\mathfrak{F} = \mathfrak{B}_{n2}\,\mathfrak{F} = \varPhi_2$$

sein. Für einen geschlossenen, magnetischen Pfad — *magnetischen Kreis* — erhält man dann durch Anwendung des Durchflutungsgesetzes auf die einzelnen Teilwege das „Ohmsche Gesetz für Magnetismus"

$$\varTheta = \varPhi\,R_m = \varPhi \sum \frac{l_i}{\mu_i\,F_i}\,,$$

worin $\varTheta$ die insgesamt erforderliche Durchflutung für die Erregung des aus den i-Teilen bestehenden, magnetischen Kreises bedeutet.

Man kann dem elektromagnetischen Feld auch ein Potential zuordnen. Es ist das *Vektorpotential* $\mathfrak{A}$, das zur Entwicklung von $\mathfrak{B}$ nach der Beziehung

$$\mathfrak{B} = \text{rot}\,\mathfrak{A}$$

dienen kann. Dann ist unter Voraussetzung der Eindeutigkeit die Gleichung $\text{div}\,\mathfrak{B} = 0$ erfüllt. Für konstantes μ ist jetzt

$$\varDelta\,\mathfrak{A} = -\,\mu\,\mathfrak{G} \qquad \text{oder} \qquad \mathfrak{A} = \frac{1}{4\,\pi} \int \mu\,\mathfrak{G}\,\frac{\mathrm{d}\,V}{r}$$

und

$$\varPhi = \oint \mathfrak{A}\,\mathrm{d}\,\mathfrak{s}.$$

Aus dem Vektorpotential läßt sich auch die *Biot-Savart*sche Regel

$$d\,\mathfrak{H} = \frac{I}{4\,\pi}\,\frac{[\mathrm{d}\,\mathfrak{s}\,\mathfrak{r}]}{r^3}$$

ableiten, die den Feldbeitrag eines vom Strom I durchflossenen Leiterelementes $\mathrm{d}\,\mathfrak{s}$ angibt.

§ 422 Rechenbeispiele

1 Zylindrische Spule mit Eisenkern

In die Spule der Aufgabe 412—4 wird ein Eisenkern von $d_E = 1{,}5$ cm Durchmesser geschoben. Es entsteht ein Galvanometerausschlag von -36 Skalenteilen.

Welche Elektrizitätsmenge durchfließt das Galvanometer beim Hineinschieben des Eisenkernes?

Wie groß ist der den Eisenkern durchsetzende, magnetische Fluß und die Flußdichte?

Wie groß wird der Galvanometerausschlag, wenn der Strom in der Erregerwicklung bei hereingeschobenem Eisenkern gewendet wird?

Lösung: Die Elektrizitätsmenge ergibt sich aus dem Ausschlag und der Galvanometerkonstanten zu

$$Q_1 = -7,5 \cdot 10^{-6} \cdot 36 \, C = -270 \cdot 10^{-6} \, C.$$

Der magnetische Fluß errechnet sich aus

$$Q_1 = \frac{w_2}{R}(\Phi - \Phi_3),$$

also

$$\Phi_3 = \Phi - Q_1 \frac{R}{w_2} = \frac{R}{w_2}\left(\frac{Q}{2} - Q_1\right),$$

oder mit Zahlenwerten

$$\Phi_3 = \frac{60}{100}(7,5 + 270)\, 10^{-6}\, \Omega\, C = 16\,650 \, M.$$

Daraus wird die Feldstärke

$$\mathfrak{B} = \frac{16\,650 \cdot 4}{1,5^2\, \pi} \frac{M}{cm^2} = 9430 \, G.$$

Bei der Stromwendung mit eingeschobenem Eisenkern ist

$$Q_2 = \frac{w_2}{R} 2\,\Phi_3$$

und der Galvanometerausschlag

$$a = \frac{w_2}{R}\frac{2\,\Phi_3}{C} = \frac{100 \cdot 2 \cdot 16\,650}{60 \cdot 7,5 \cdot 10^{-6}} \frac{M\, Skt}{\Omega\, C} = 74 \text{ Skalenteile.}$$

Vergleiche Band I: § 4131,1.

2 Ringspule mit Eisen

Auf welche Beträge ändern sich die Werte der Aufgabe 412—5, wenn der Kern der Spule aus Eisen besteht, dessen Magnetisierungslinie im nebenstehenden Bild 1 angegeben ist?

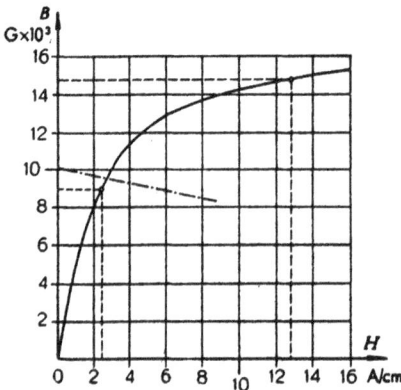

Bild 1 Magnetisierungslinie

Lösung: Für die Erregung (Feldstärke) $H = 12,85$ A/cm ergibt sich aus der Magnetisierungslinie

$$B = 14\,800 \, G = 1,48 \, V\,s/m^2$$

und damit der magnetische Fluß

$$\Phi = BF = 14\,800\, \frac{\pi\, 4}{4}\, M = 46\,500 \, M.$$

Vergleiche Band I: § 4131,3.

3 Drosselspule mit Luftspalt

Eine Drosselspule mit quadratischem Querschnitt hat nach Bild 1 die Abmessungen

$$h = 18 \text{ cm,}$$
$$b = 8 \text{ cm,}$$
$$d = 6 \text{ cm,}$$
$$\delta = 0,5 \text{ cm.}$$

Der eine, mit einem Luftspalt versehene Schenkel ist unbewickelt, der zweite Schenkel trägt eine Wicklung mit $w = 200$ Windungen.

Wie groß ist bei Vernachlässigung der Streuung der Strom, der zur Erzeugung eines magnetischen Flusses von $\Phi = 5 \cdot 10^{-3}$ Wb notwendig ist?

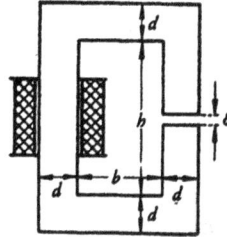

Bild 1
Anordnung der Spule

Wie groß ist der magnetische Fluß, der sich bei einem Strom von 20 A einstellt?

(Als Magnetisierungslinie sei wieder die Kurve, Bild 422—2/1, gegeben.)

Lösung: Nach dem Ohmschen Gesetz für Magnetismus ist

$$\Phi = \frac{I \, w}{\Sigma R_m} = \frac{I \, w}{\Sigma \dfrac{l}{\mu \, F}},$$

woraus

$$I = \frac{\Phi}{w} \left| \frac{\delta}{\mu_0 \, d^2} + \frac{2 \, (h + b + 2 \, d) - \delta}{\mu_{Fe} \, d^2} \right|.$$

Dabei ist

$$\mu_{Fe} = \frac{B_{Fe}}{H_{Fe}} = \frac{\Phi}{d^2 \, H_{Fe}},$$

also

$$I = \frac{\Phi}{w} \frac{\delta}{\mu_0 \, d^2} + \frac{2 \, (h + b + 2 \, d) - \delta}{w} H_{Fe}.$$

Die Erregung H_{Fe} ergibt sich aus der Magnetisierungslinie für

$$B_{Fe} = \Phi/d^2 = 5 \cdot 10^{-3} \, 36 \text{ Vs cm}^2 = 13\,900 \text{ G zu } H_{Fe} = 8,7 \text{ A/cm.}$$

Es ist daher

$$I = \frac{5 \cdot 10^{-3} \cdot 0,5}{200 \cdot 1,256 \cdot 10^{-8} \cdot 36} \frac{\text{Vs cm A cm}}{\text{Vs cm}^2} + \frac{75,5 \cdot 8,7 \text{ A cm}}{200 \quad \text{cm}} = (27,7 + 3,3) \text{ A} = 31 \text{ A.}$$

Aus dem Ohmschen Gesetz wird umgekehrt

$$\Phi = \frac{I \, w}{\Sigma R_m} = \frac{I \, w}{\dfrac{\delta}{\mu_0 \, d^2} + \dfrac{2 \, (h + b + 2 \, d) - \delta}{\Phi} H_{Fe}},$$

woraus

$$\Phi = \frac{I\,w\,\mu_0\,d^2}{\delta} - \frac{\mu_0\,[2\,(h + b + 2\,d) - \delta]\,d^2}{\delta}\,H_{Fe},$$

oder

$$B_{Fe} = \frac{\Phi}{d^2} = \frac{I\,w\,\mu_0}{\delta} - \frac{\mu_0\,[2\,(h + b + 2\,d) - \delta]}{\delta}\,H_{Fe}.$$

Setzt man die Zahlenwerte ein, so findet man

$$B_{Fe} = 10\,050\,\text{G} - 191\,H_{Fe}\,\frac{\text{G}}{\text{A/cm}}.$$

Das ist die im Bild 422—2/1 eingezeichnete, strichpunktierte schräge Gerade. Im Schnittpunkt mit der Magnetisierungslinie findet man dann

$$B_{Fe} = 9500\,\text{G}; \qquad H_{Fe} = 2{,}7\,\text{A/cm}$$

und damit

$$\Phi = B_{Fe}\,d^2 = 9500 \cdot 36\,\text{M} = 342\,000\,\text{M}.$$

V e r g l e i c h e B a n d I: § 4133,5.

3a Berechnung einer Zählerspannungsspule

Für eine Zählerspannungsspule mit den Kernabmessungen des Bildes 1 (Breite 10 mm) ist die erforderliche Durchflutung zu berechnen, wenn der Triebfluß $\Phi_2 = 9000\,\text{M}$ betragen soll. Wie groß ist dabei der Streufluß Φ_3 im magnetischen Nebenschluß? Die Magnetisierungslinie des Eisens zeigt das Bild 2.

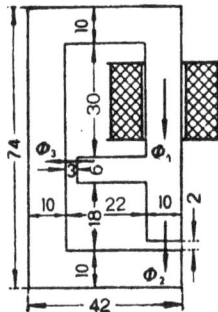

Bild 1 Abmessungen
der Spule

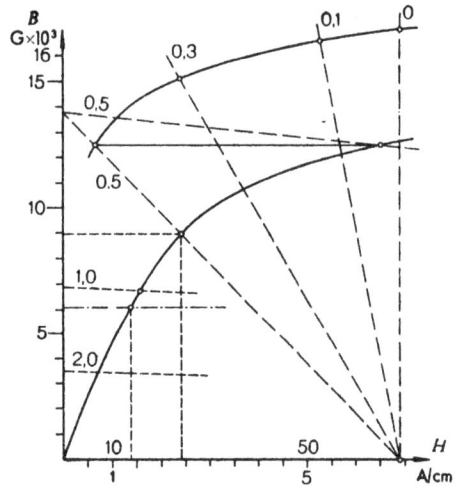

Bild 2 Magnetisierungslinie

L ö s u n g : Für den magnetischen Kreis gilt zunächst

$$\Phi_1 = \Phi_2 + \Phi_3.$$

Aus der Magnetisierungslinie erhält man zum gegebenen Φ_2 über $\mathfrak{B}_2 = 9000\,\text{G}$ die Erregung $\mathfrak{H}_2 = 2{,}4\,\text{A/cm}$. Mit dem Eisenweg $l_{Fe2} = 8{,}2\,\text{cm}$ und dem Luftspalt $\delta_2 = 0,2$ cm ergibt sich dann ein Durchflutungsanteil $\Theta_2 = 1454$ AW. Dieser Durchflutungsanteil kann auch als magnetische Spannung V_2 an l_2 aufgefaßt werden. Wegen der Parallelschaltung muß sie dieselbe sein wie am Streuweg l_3, also $V_3 = V_2$ oder $\Phi_2 R_2 = \Phi_3 R_3$, woraus

$$\Phi_3 = \Phi_2 R_2 / R_3 \quad \text{und} \quad \mathfrak{B}_3 = \Phi_3 / F_3.$$

Mit den Zahlenwerten ergibt dies

$$\mathfrak{B}_3 = 6083 \text{ G} - 12,13 \, H_{Fe2} \, \frac{\text{G}}{\text{A/cm}}.$$

Der Schnittpunkt dieser Geraden mit der Magnetisierungslinie liefert $\mathfrak{B}_3 = 6050$ G und damit

$$\Phi_3 = 3630 \text{ M}.$$

Nunmehr liefert

$$I \, w = \Phi_1 R_1 + \Phi_2 R_2 = \Phi_1 R_1 + \Phi_3 R_3 = \Theta_1 + \Theta_2$$

in gleicher Weise die Gesamtdurchflutung

$$I \, w = 73,5 + 1454 \approx 1530 \text{ AW}.$$

Vergleiche Band I: § 4133,5.

4 Hubkraft eines Elektromagneten

Für den Elektromagneten nach Bild 1 ist die Abhängigkeit der Tragkraft vom Luftspalt ($\delta = 0$; 0,1; 0,3; 0,5; 1,0; 2,0 mm) zu bestimmen. Die Durchflutung beträgt $\Theta = 1100$ AW. Die Magnetisierungslinie des Eisens ist durch Bild 422—3 a/2 gegeben.

Lösung: Für die Tragkraft gilt die Gleichung

$$P = \frac{BH}{2} 2F = \frac{B^2 F}{\mu_0}.$$

Bei Vernachlässigung der Streuung wird

$$B = \frac{\Phi}{F} = \frac{\Theta}{\dfrac{l_{Fe}}{\mu_{Fe} F} + \dfrac{l_L}{\mu_0 F}} \cdot \frac{1}{F} = \frac{\Theta}{\dfrac{l_{Fe} H_{Fe}}{B_{Fe}} + \dfrac{2\delta}{\mu_0}} \cdot$$

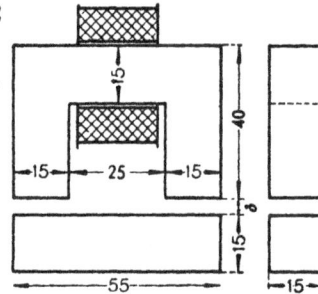

Bild 1 Abmessungen des Elektromagneten

Für $\delta = 0$ ist

$$H_{Fe} = \frac{\Theta}{l_{Fe}} = \frac{1100}{16} \frac{\text{A}}{\text{cm}} = 68,8 \text{ A/cm}.$$

Dazu gehört aus der Magnetisierungslinie $B = 16\,900$ G.

Für $\delta > 0$ wird

$$B_L = \mu_0 \frac{\Theta - l_{Fe} H_{Fe}}{2\delta} = \frac{1,256}{2\delta} \frac{\text{G cm}}{\text{A}} (1100 \text{A} - 16 H_{Fe} \text{ cm}) =$$

$$= \frac{690}{\delta} \text{ G cm} - \frac{10}{\delta} H_{Fe} \frac{\text{G cm}^2}{\text{A}}.$$

Das sind Gerade, die im Bild 422—3 a/2 eingetragen sind und in den Schnitt-
punkten mit der Magnetisierungslinie die gesuchten Werte von B liefern. Während
dies für $\delta = 2{,}0$; $1{,}0$; $0{,}5$ mm leicht
gezeichnet werden kann, liegen die
Abschnitte der Geraden auf der Ordinatenachse für $\delta < 0{,}5$ nicht mehr
auf der Zeichenfläche. Man bestimmt
dann am einfachsten die Abschnitte
auf der Abszissenachse ($B = 0$) und
kann hierauf mit Hilfe eines zweiten
Punktes die Geraden leicht zeichnen.

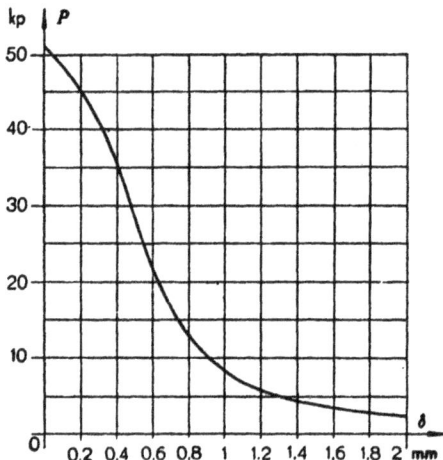

Mit Hilfe der Feldstärken wird
jetzt

$$P = \frac{2{,}25}{1{,}256}\, B^2\, \frac{\text{cm}^2\, \text{A}}{\text{G cm}} =$$

$$= \frac{2{,}25}{1{,}256}\, 10^{-6}\, B^2\, \frac{\text{W s}}{\text{G}^2\, \text{m}} =$$

$$= 1{,}792\, B^2\, \frac{\text{kp}}{\text{G}^2}.$$

Bild 2 Abhängigkeit der Hubkraft

Die folgende Tabelle gibt die ausgerechneten Zahlenwerte an:

δ mm	B G	P kp
0	16 900	51
0,1	16 500	48,7
0,3	15 100	40,6
0,5	12 450	27,8
1,0	6 800	8,3
2,0	3 400	2,08

Das Bild 2 zeigt den graphischen Verlauf der Abhängigkeit.

Vergleiche Band I: § 4133,2.

§ 5 Das langsam veränderliche elektromagnetische Feld, Wechselstromtechnik

§ 51 Elektromagnetische Grunderscheinungen

§ 511 Einführung

Beim langsam veränderlichen Feld tritt in ruhenden Medien zum Leitungsstrom

$$\mathfrak{G}_e = \varkappa \mathfrak{E}$$

noch der *Verschiebungsstrom* (im homogenen Medium)

$$\mathfrak{G}_v = \frac{\partial \mathfrak{D}}{\partial t} = \varepsilon \frac{\partial \mathfrak{E}}{\partial t},$$

so daß die gesamte Stromdichte

$$\mathfrak{G} = \varkappa \mathfrak{E} + \varepsilon \frac{\partial \mathfrak{E}}{\partial t}.$$

Mit diesem Wert gilt wieder das Durchflutungsgesetz

$$\operatorname{rot} \mathfrak{H} = \mathfrak{G}.$$

Das Induktionsgesetz

$$\operatorname{rot} \mathfrak{E} = - \frac{\partial \mathfrak{B}}{\partial t}$$

ist unverändert geblieben.

Bei der linearen Strömung sind vor allem die periodischen Vorgänge wichtig, unter denen wieder jene mit sinusförmiger Zeitabhängigkeit besondere praktische Bedeutung erlangt haben. Sie werden dargestellt durch die Gleichung

$$a = A_m \sin(\omega t + \varphi),$$

worin A_m der Höchstwert, $\omega = 2\pi f$ die Kreisfrequenz und φ die Phasenlage bedeuten; $f = 1/T$ ist die Frequenz der „Schwingung" und als solche der Kehrwert der Periodendauer T.

Als *Effektivwert* der Schwingung wird ihr quadratischer Mittelwert definiert, der bei sinusförmigem Verlauf gleich $A = A_m/\sqrt{2}$ ist.

Durch Windungen und Spulen werden bei Speisung mit Wechselstrom magnetische Wechselfelder erzeugt, die auf den eigenen Stromkreis zurückwirken. Ist bei konstanter Permeabilität der magnetische Fluß verhältnisgleich dem Strom,

$$\Phi = L i,$$

so wird die durch die Rückwirkung induzierte Spannung der *Selbstinduktion*

$$u = -L \frac{\mathrm{d}i}{\mathrm{d}t}.$$

L wird als Selbstinduktionskoeffizient bezeichnet.

In ähnlicher Weise wirken zwei Spulen aufeinander. Es ist dann die von der einen, in der anderen induzierte Spannung

$$u_2 = -M \frac{\mathrm{d}i_1}{\mathrm{d}t},$$

mit der gegenseitigen Induktivität M. Ein Teil des Feldes durchsetzt nur die eigene Spule und geht für die gegenseitige Beeinflussung verloren. Er bildet den *Streufluß*. Die Verhältnisse werden dann durch den Kopplungsfaktor k oder den Streufaktor σ beschrieben, indem

$$k = \sqrt{1 - \sigma} = \frac{M}{\sqrt{L_1\,L_2}}$$

gesetzt wird.

Die Energie des wechselstromerregten, magnetischen Feldes ist

$$W_m = \tfrac{1}{2}\,\Phi\,I = \tfrac{1}{2}\,L\,I^2.$$

§ 512 Rechenbeispiele

1 Induktivität einer Leiterschleife

Die beiden Leiter einer Doppelleitung haben einen Durchmesser von $2R = 10$ mm und einen gegenseitigen Abstand von $d = 0,5$ m.

Wie groß ist die Induktivität für 1 km Leitungslänge?

Wie groß ist die im magnetischen Feld aufgespeicherte Energie bei 10 km Leitungslänge, wenn der Strom $I = 100$ A beträgt?

L ö s u n g : Außerhalb des Leiters ist die Erregung nach I—(4123,1/1)

$$H_a = \frac{I}{2\,\pi\,r}.$$

Innerhalb des Leiters wird sie

$$H_i = \frac{I\,r}{2\,\pi\,R^2}.$$

Im Zwischenraum zwischen den beiden Leitern findet man das Feld durch Überlagerung der beiden Teilfelder, wie es für die Verbindungsebene der beiden Leiter im Bild 1 dargestellt ist. Es wird dort zwischen den Leitern

$$H_a = H_{1\,a} + H_{2\,a} = \frac{I}{2\,\pi}\left(\frac{1}{r} + \frac{1}{d - r}\right),$$

woraus

$$\Phi = \int\limits_{R}^{d-R} \mu_0\,H_a\,l\,\mathrm{d}r = \frac{\mu_0\,l\,I}{\pi}\cdot\ln\frac{d - R}{R} \approx \frac{\mu_0\,l\,I}{\pi}\ln\frac{d}{R},$$

also

$$L = \frac{w\,\Phi}{I} = \frac{\mu_0\,l}{\pi}\ln\frac{d}{R} = \frac{1{,}256 \cdot 10^{-8} \cdot 10^5}{\pi}\ln\frac{50}{0{,}5}\frac{\mathrm{Vs\,cm}}{\mathrm{A\,cm}} = 1{,}84\,\mathrm{mH}.$$

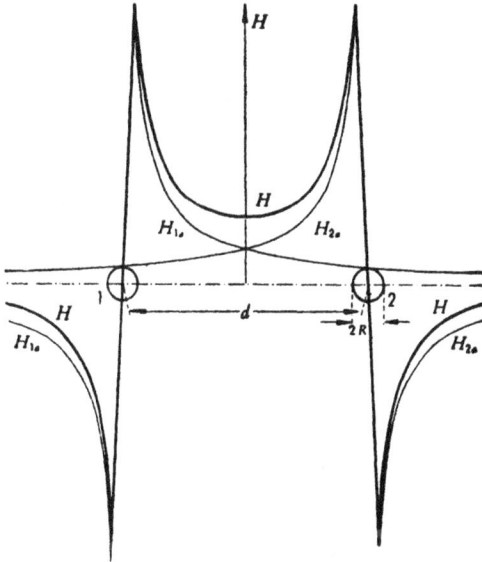

Bild 1 Feldverlauf in der Verbindungsebene der Leiter

Die magnetische Energie ist

$$W_m = \frac{1}{2}L\,I^2 = \frac{18{,}4 \cdot 10^{-3} \cdot 10^{-4}}{2}\ \mathrm{H\,A^2} = 92\ \mathrm{J}.$$

Vergleiche Band I: § 4123,1/1. § 422,1. § 422,3.

2 Induktive Beeinflussung zweier Leitungen

Für zwei parallele Leitungen nach der symmetrischen Anordnung des Bildes 1 ist der die Leitung 3-4 durchsetzende, vom Strom I_1 der Leitung 1-2 erzeugte, magnetische Fluß je km Leitungslänge zu berechnen.

Wie groß ist die Gegeninduktivität zwischen den beiden Leitungen je km Leitungslänge?

Wie groß ist die in der Leiterschleife 3-4 induzierte Spannung, wenn in der Schleife 1-2 ein Wechselstrom $I_1 = 2000$ A fließt und dessen Frequenz $f = 50$ Hz beträgt? (Leitungslänge $l = 10$ km.)

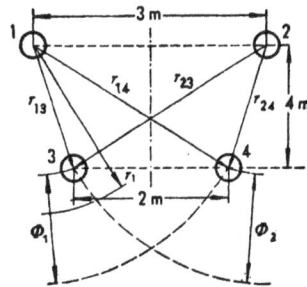

Bild 1 Anordnung der Leiter

Lösung: Mit $H_1 = I_1/2\pi r_1$ wird

$$\Phi_1 = \int_{r_{13}}^{r_{14}} \frac{\mu_0 I_1 l}{2\pi r_1} dr_1 = \frac{\mu_0 I_1 l}{2\pi} \ln \frac{r_{14}}{r_{13}}$$

und ebenso

$$\Phi_2 = \frac{\mu_0 I_1 l}{2\pi} \ln \frac{r_{23}}{r_{24}},$$

also

$$\Phi = \Phi_1 + \Phi_2 = \frac{\mu_0 I_1 l}{2\pi} \ln \frac{r_{14} r_{23}}{r_{13} r_{21}}$$

oder in Zahlen mit

$$r_{11} = r_{23} = \sqrt{4^2 + 2{,}5^2}\,\text{m} = 4{,}72\,\text{m},$$

$$r_{13} = r_{21} = \sqrt{4^2 + 0{,}5^2}\,\text{m} = 4{,}03\,\text{m},$$

$$\Phi = \frac{1{,}256 \cdot 10^{-8} \cdot 10^5}{2\pi} \ln \frac{22{,}25}{16{,}25} I_1 \frac{\text{Vs cm}}{\text{A cm}} = 6300\,I_1 \frac{\text{M}}{\text{A}}$$

und somit die Gegeninduktivität

$$M = 6300\,\frac{\text{M}}{\text{A}} = 6300 \cdot 10^{-8} \frac{\text{Vs}}{\text{A}} = 63\,\mu\,\text{H}.$$

Die in der Schleife 3-4 induzierte Spannung ist

$$u_2 = M \frac{di_1}{dt} = M \frac{d}{dt}(I_{1m} \sin \omega t) = \omega M I_{1m} \cos \omega t = U_{2m} \cos \omega t.$$

Die induzierte Spannung folgt also ebenfalls einem Sinusgesetz, und es ist ihr Höchstwert

$$U_{2m} = \omega M I_{1m}$$

oder der Effektivwert

$$U_2 = \omega M I_1 = 2\pi \cdot 50 \cdot 63 \cdot 10^{-6} \cdot 10 \cdot 2000 \frac{\text{H km A}}{\text{s km}} = 396\,\text{V}.$$

Vergleiche Band I· § 422,2.

3 Effektivwert eines nicht-sinusförmigen Stromes

Welches ist der Effektivwert des nichtsinusförmigen Stromes

$$i = (11 \sin 100\,\pi t + 6{,}4 \sin 300\,\pi t)\,\text{A}?$$

Lösung: Als Effektivwert wird definiert der quadratische Mittelwert, also für allgemein

$$i = I_{1m} \sin \omega_1 t + I_{2m} \sin \omega_2 t,$$

$$I = \sqrt{\frac{1}{T} \int_0^T i^2\,dt} =$$

$$= \sqrt{\frac{1}{T}\int_0^T (I_{1m}^2 \sin^2 \omega_1 t + I_{2m}^2 \sin^2 \omega_2 t + 2\, I_{1m} I_{2m} \sin \omega_1 t \sin \omega_2 t)\, \mathrm{d}t}.$$

Für das Integral wird einzeln

$$\int_0^T I_{1m}^2 \sin^2 \omega_1 t\, \mathrm{d}t = \frac{I_{1m}^2 T}{2},$$

$$\int_0^T I_{2m}^2 \sin^2 \omega_2 t\, \mathrm{d}t = \frac{I_{2m}^2 T}{2},$$

$$\int_0^T 2 I_{1m} I_{2m} \sin \omega_1 t \sin \omega_2 t\, \mathrm{d}t = I_{1m} I_{2m} \left[\int_0^T \cos(\omega_1 - \omega_2)t\, \mathrm{d}t - \int_0^T \cos(\omega_1 + \omega_2)t\, \mathrm{d}t \right] = 0.$$

Dabei war angenommen, daß die Frequenz der zweiten Teilschwingung, f_2, ein ganzes Vielfaches der ersten beträgt, was hier zutrifft ($f_2 = 3 f_1$).

Es ist also

$$I = \sqrt{\frac{I_{1m}^2}{2} + \frac{I_{2m}^2}{2}} = \sqrt{\frac{11^2 + 6{,}4^2}{2}} = 9\,\mathrm{A}.$$

Vergleiche Band I: § 421,2.

§ 52 Einfache Schaltaufgaben der Wechselstromtechnik

§ 521 Einführung

In der Wechselstromtechnik gilt das Ohmsche Gesetz in den erweiterten Formen

$$\left. \begin{array}{l} I = \dfrac{U}{Z} = \dfrac{U}{\sqrt{R^2 + \left(\omega L - \dfrac{1}{\omega C}\right)^2}} \\[4ex] I = U Y = U\, \dfrac{1}{\sqrt{R^2 + \left(\omega L - \dfrac{1}{\omega C}\right)^2}} \end{array} \right\} \quad \text{für die Serienschaltung,}$$

$$\left. \begin{array}{l} I = \dfrac{U}{Z} = \dfrac{U}{\sqrt{\left(\dfrac{1}{R}\right)^2 + \left(\dfrac{1}{\omega L} - \omega C\right)^2}} \\[4ex] I = U Y = U \sqrt{\left(\dfrac{1}{R}\right)^2 + \left(\dfrac{1}{\omega L} - \omega C\right)^2} \end{array} \right\} \quad \text{für die Parallelschaltung}$$

der Wechselstromwiderstände R, ωL, $\dfrac{1}{\omega C}$.

Die Phasenlage zwischen Strom und Spannung ergibt sich aus

$$\operatorname{tg} \varphi = \frac{\omega L - \dfrac{1}{\omega C}}{R} \quad \text{für die Serienschaltung,}$$

$$\operatorname{tg} \varphi = \frac{\dfrac{1}{\omega L} - \omega C}{\dfrac{1}{R}} \quad \text{für die Parallelschaltung.}$$

wenn φ stets vom Strom aus gezählt wird.

Die Darstellung erfolgt zweckmäßig in Vektordiagrammen, für die die komplexe Schreibweise den besonderen Vorteil bietet, daß sie einen unmittelbaren, jederzeitigen Übergang zwischen Rechnung und Vektordiagramm zuläßt. In der komplexen Schreibweise ergeben sich die Ohmschen Gesetze zu

$$\mathfrak{J} = \frac{\mathfrak{U}}{\mathfrak{Z}} = \frac{\mathfrak{U}}{R + \mathrm{j}\,\omega L + \dfrac{1}{\mathrm{j}\,\omega C}} \quad \text{für die Serienschaltung,}$$

$$\mathfrak{J} = \mathfrak{U}\,\mathfrak{Y} = \mathfrak{U}\left(\frac{1}{R} + \frac{1}{\mathrm{j}\,\omega L} + \mathrm{j}\,\omega C \right) \quad \text{für die Parallelschaltung.}$$

Den drei Wechselstromwiderständen R, ωL, $1/\omega C$ können dann drei „Widerstandsoperatoren" $- R$, $- \mathrm{j}\,\omega L$, $- 1/\mathrm{j}\,\omega C$ zugeordnet werden, die bei Multiplikation mit den sie durchfließenden Strömen die in den Widerständen auftretenden Gegen-EMKe ergeben. Umgekehrt liefert das Produkt aus der treibenden Spannung mit den *Leitwertoperatoren* $1/R$, $1/\mathrm{j}\,\omega L$, $\mathrm{j}\,\omega C$ die in den Widerständen in der Richtung der treibenden Spannung fließenden Ströme[*]).

Bei Stromverzweigungen gelten die Kirchhoffschen Gesetze der Gleichstromtechnik, wenn man die komplexen Größen einführt. Es ist also

$$\Sigma\,\mathfrak{J} = 0 \quad \text{für jeden Knotenpunkt,}$$

$$\Sigma\,\mathfrak{U} = 0 \quad \text{für jede geschlossene Schleife.}$$

Jede Wechselstromgröße kann dabei in der *Komponentenform*

$$\mathfrak{A} = a_1 + \mathrm{j}\,a_2$$

oder in der Polarform

$$\mathfrak{A} = A\,\mathrm{e}^{\mathrm{j}\alpha} = A\,(\cos\alpha + \mathrm{j}\sin\alpha)$$

dargestellt werden.

Jedes Vektorbild bekommt erst einen Sinn, wenn es durch ein Schaltbild mit eingetragenen Zählpfeilen ergänzt wird. Wird dort eine Zählrichtung umgedreht, so ändert auch die entsprechende Größe im Vektorbild ihre Richtung.

Werden im Schaltbild anläßlich der Aufstellung der Ausgangsgleichungen Umläufe gemacht, so sind Spannungen und Ströme mit negativem Vorzeichen

---

[*]) Bezüglich der Richtungsregeln siehe auch besonders Band II, § 21,1 und 21,2.

einzusetzen, wenn ihr Zählpfeil der Umlaufrichtung entgegensteht. Die Zählpfeile sind vor Beginn der Rechnung völlig frei wählbar.

Die komplexe Rechnung ermöglicht bei der parametrischen Veränderlichkeit einer der Wechselstromgrößen eine Darstellung in *Ortskurven*. Genaueres darüber lese man in Band II, § 2,2 nach oder G. Oberdorfer: Die Ortskurventheorie der Wechselstromtechnik, 2. Aufl., Verlag Deuticke, Wien. 1951.

Die Wechselstromleistung ergibt sich aus $n = u\,i$ zu

$$n = U\,I\,[\cos\varphi - \cos(2\,\omega\,t - \varphi)].$$

Sie schwingt also nach einer Cosinusfunktion um den Mittelwert

$$N_w = U\,I\cos\varphi,$$

der *Wirkleistung* genannt wird. Der darüber gelagerte Anteil, die *Schwingleistung*

$$U\,I\cos(2\,\omega\,t - \varphi) = U\,I\cos\varphi\cos 2\,\omega\,t + U\,I\sin\varphi\sin 2\,\omega\,t$$

besteht aus zwei Bestandteilen mit den Mittelwerten Null, von denen der erste den Höchstwert $U\,I\cos\varphi$, der zweite den Höchstwert

$$N_b = U\,I\sin\varphi$$

hat, der *Blindleistung* genannt wird. Wirk- und Blindleistung ergeben zusammen die *Scheinleistung*,

$$N_s = U\,I = \sqrt{N_w^2 + N_b^2},$$

für die in der komplexen Rechnung auch

$$\mathfrak{N}_s = \mathfrak{U}\,\mathfrak{J}^*$$

gesetzt werden kann.

§ 522 Rechenbeispiele

1 Strom und Leistungen bei Phasennacheilung

An einer Wechselspannung von $f = 50$ Hz mit einem Scheitelwert von $U_m = 283$ V liegt ein Stromkreis, der einen um einen Phasenwinkel von $\varphi = 36,8°$ nacheilenden Strom von $I = 50$ A[*) aufnimmt.

Wie groß ist der Leistungsfaktor, die Wirk-, Blind- und Scheinleistung, und welche Wärme entwickelt der Strom in einer Halbperiode?

Der zeitliche Verlauf von Spannung, Strom, Leistung sowie des Wirk- und Blindstromes und der Schwing-, Wirk- und Blindleistung ist zu zeichnen.

L ö s u n g : Der Leistungsfaktor wird

$$\cos\varphi = \cos 36,8° = 0,8.$$

Es wird ferner

$$N_s = U\,I = \frac{283}{\sqrt{2}}\,50\,\text{VA} = 10\,\text{kVA}$$

---

*) Werden keine weiteren Angaben gemacht, so bedeuten Zahlenwerte von Strom und Spannung stets Effektivwerte.

und

$$N_w = N_s \cos \varphi = 8 \text{ kW},$$
$$N_b = N_s \sin \varphi = 6 \text{ kVA}.$$

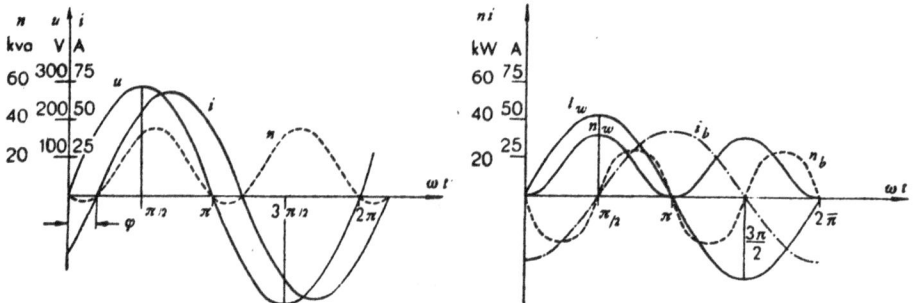

Bild 1 Verlauf der Wechselstromgrößen

Die Wärmeentwicklung ergibt sich zu

$$Q = N_w \frac{T}{2} = N_w \frac{1}{2f} = \frac{8}{2 \cdot 50} \text{ kW s} = 80 \cdot 0,24 \text{ cal} = 19,2 \text{ cal}.$$

Die gewünschten Kurven zeigt das Bild 1.

Vergleiche Band I: § 4231,5.

2 Spuleninduktivität bei verschiedenen Frequenzen

Eine Ringspule mit $w = 10000$ Windungen aus Kupferdraht von $\delta = 0,4$ mm Durchmesser (mittlerer Ringdurchmesser $D = 100$ mm, mittlerer Wicklungsdurchmesser $d = 20$ mm) wird an eine Wechselspannung von $U = 5$ V gelegt.

Wie groß ist der Maximalwert des Stromes und seine Phasenlage bei 50 Hz und 1000 Hz? Wie sind diese Werte bei Anschluß an Gleichspannung?

Wie groß muß eine in Reihe zu schaltende Kapazität sein, um die Phasenverschiebung aufzuheben?

Lösung: Die Spule hat Wirk- und induktiven Widerstand. Der Wirkwiderstand ist

$$R = \varrho \frac{l}{F} = \varrho \frac{w \pi d 4}{\pi \delta^2} = \frac{0,017 \cdot 10^{-4} \cdot 10^4 \cdot 2 \cdot 4}{4^2 \cdot 10^{-4}} \frac{\Omega \text{ cm}^2}{\text{cm}^2} = 85 \, \Omega.$$

Die Induktivität wird nach I—(422,1/4)

$$L = \frac{\mu_0 d^2 \pi}{4 \pi D} w^2 = \frac{1,256 \cdot 10^{-8} \cdot 4 \cdot 10^8}{4 \cdot 10} \frac{\text{V s cm}^2}{\text{A cm}^2} = 0,1256 \text{ H}$$

und daher der induktive Widerstand

$$(\omega L)_{50} = \omega L = 2 \cdot \pi \cdot 50 \cdot 0,1256 \, \Omega = 39,4 \, \Omega \quad \text{bei} \quad 50 \text{ Hz},$$
$$(\omega L)_{1000} = 2 \cdot \pi \cdot 1000 \cdot 0,1256 \, \Omega = 788 \, \Omega \quad \text{bei} \quad 1000 \text{ Hz}.$$

Der Strom hat also bei 50 Hz einen Höchstwert von

$$I_{m\,50} = \frac{U\sqrt{2}}{\sqrt{R^2 + (\omega L_{50})^2}} = \frac{5\sqrt{2}}{\sqrt{85^2 + 39{,}4^2}}\frac{\mathrm{V}}{\Omega} = 75\ \mathrm{mA}$$

und bei 1000 Hz

$$I_{m\,1000} = \frac{5\sqrt{2}}{\sqrt{85^2 + 788^2}}\frac{\mathrm{V}}{\Omega} = 8{,}9\ \mathrm{mA}.$$

Bei Anschluß an Gleichspannung wäre

$$I_0 = 5/85 = 58{,}8\ \mathrm{mA}.$$

Die Phasenwinkel sind mit $\operatorname{tg}\varphi = \omega L/R$

$$\operatorname{tg}\varphi_{50} = \frac{39{,}5}{85} = 0{,}464; \qquad \varphi_{50} = 24{,}9^0,$$

$$\operatorname{tg}\varphi_{1000} = \frac{788}{85} = 9{,}26; \qquad \varphi_{1000} = 83{,}8^0.$$

Bei Gleichspannung ist Strom und Spannung in Phase.

Um die Phasenverschiebung aufzuheben, ist ein Kondensator von einer Größe anzuordnen, daß $\omega C = 1/\omega L$ wird, also

$$C_{50} = \frac{1}{100 \cdot \pi \cdot 39{,}4}\frac{\mathrm{s}}{\Omega} = 80{,}7\ \mu\mathrm{F},$$

$$C_{1000} = \frac{1}{2000 \cdot \pi \cdot 788}\frac{\mathrm{s}}{\Omega} = 0{,}202\ \mu\mathrm{F}.$$

Vergleiche Band I: § 422,1. § 4231,3.

3 Dreivoltmetermethode

Um die Leistungsaufnahme einer Spule ohne Verwendung eines Leistungs-messers zu bestimmen, wird vor die Spule ein rein Ohmscher Widerstand $R = 100\ \Omega$ geschaltet und das Ganze an eine Wechselspannung von $U = 120\ \mathrm{V}$ und $f = 50$ Hz gelegt. Aus den mit drei Voltmetern gemessenen Spannungen am Netz, am Vorwiderstand und an der Spule läßt sich der Leistungsverbrauch der Spule ermitteln (*Dreivoltmetermethode*).

Wie groß sind der Wirkwiderstand, die Induktivität, die Leistungsaufnahme und der Leistungsfaktor der Spule, wenn folgende Teilspannungen gemessen wurden:

$$U = 120\ \mathrm{V},$$
$$U_R = 76{,}5\ \mathrm{V},$$
$$U_L = 75\,0\ \mathrm{V}.$$

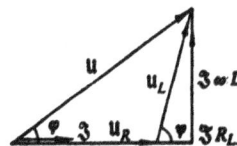

Bild 1 Vektordiagramm der Dreivoltmeter-methode

Lösung: Das Vektordiagramm zeigt das Bild 1. Die beiden Teilspannungen $\mathfrak{U}_R$ und $\mathfrak{U}_L$ addieren sich geometrisch zur Gesamtspannung $\mathfrak{U}$. Der Strom $\mathfrak{J}$ muß mit der Widerstandsspannung in Phase sein. Hat die Spule den Wirkwiderstand R_L und die Induktivität L, dann muß $\mathfrak{U}_L$ die geometrische Summe aus $\mathfrak{J}R$ in Phase mit $\mathfrak{J}$, und $\mathfrak{J}\omega L$ um 90^0 dagegen voreilend sein. Es ist also zunächst der Gesamtleistungsfaktor aus

$$U_L^2 = U^2 + U_R^2 - 2\,U\,U_R\cos\varphi,$$

$$\cos\varphi = \frac{U^2 + U_R^2 - U_L^2}{2\,U\,U_R} = \frac{120^2 + 76{,}5^2 - 75^2}{2\cdot 120\cdot 76{,}5} = 0{,}798\,.$$

Daraus wird mit

$$U\cos\varphi = U_R + I\,R_L,$$

$$R_L = \frac{U\cos\varphi - U_R}{I} = \frac{U\cos\varphi - U_R}{U_R}\,R = 25\,\Omega\,.$$

Ferner ist

$$\cos\psi = \frac{I\,R_L}{U_L} = \frac{U_R\,R_L}{U_L\,R} = 0{,}255\,.$$

Die Induktivität ergibt sich aus

$$I\,\omega L = U_L\sin\psi$$

zu

$$L = \frac{U_L\,R}{U_R\,\omega}\sin\psi = 0\,302\,\mathrm{H}\,.$$

Die Leistungsaufnahme der Spule wird schließlich aus

$$U^2 = U_L^2 + U_R^2 + 2\,U_L\,U_R\cos\psi$$

zu

$$N_L = U_L\,I\cos\psi = \frac{U^2 - U_L^2 - U_R^2}{2\,R} = 14{,}7\,\mathrm{W}\,.$$

3a Ersatzschaltbild des Kondensators

An einem Kondensator wurde bei Anlegen einer Spannung $U = 1\,\mathrm{kV}$ bei $f = 50\,\mathrm{Hz}$ ein Strom von $1\,\mathrm{A}$ und ein Leistungsfaktor $\cos\varphi = 0{,}002$ gemessen.

Wie groß sind die Kapazitäten und Widerstände der beiden möglichen, im Bild 1 gezeichneten Ersatzschaltungen des Kondensators?

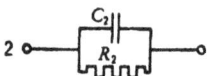

Bild 1 Ersatzschaltbilder eines Kondensators

Lösung: Für das Ersatzschaltbild 1 wird

$$R_1 = 2\,\Omega, \qquad C_1 = 3{,}19\,\mu\mathrm{F};$$

für das Ersatzschaltbild 2

$$R_2 = 0{,}5\,\mathrm{M}\Omega, \qquad C_2 = 3{,}19\,\mu\mathrm{F}\,.$$

Vergleiche Band I: § 42344,4

4 Parallelschwingkreis

Bei welcher Frequenz verhält sich der im Bild 1 gezeichnete Zweipol wie ein Ohmscher Widerstand? Wie groß ist bei dieser Frequenz der Strom I? Es ist das Vektordiagramm und die Abhängigkeit der Stromstärke von der Frequenz zu zeichnen.

Gegeben ist

$$R_1 = 3\,\Omega, \qquad R_2 = 4\,\Omega,$$

$$C = 5\,\mathrm{mF}, \qquad L = 10\,\mathrm{mH},$$

$$U = 220\,\mathrm{V}.$$

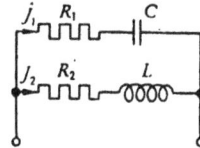

Bild 1 Parallelschwingkreis

L ö s u n g : Der Gesamtwiderstand ist

$$\mathfrak{Z} = \frac{\left(R_1 + \dfrac{1}{j\,\omega\,C}\right)(R_2 + j\,\omega\,L)}{R_1 + \dfrac{1}{j\,\omega\,C} + R_2 + j\,\omega\,L} = \frac{R_1\,R_2 + \dfrac{L}{C} + j\left(R_1\,\omega\,L - \dfrac{R_2}{\omega\,C}\right)}{(R_1 + R_2) + j\left(\omega\,L - \dfrac{1}{\omega\,C}\right)}.$$

Wenn dieser ein reiner Wirkwiderstand sein soll, muß $\mathfrak{Im}\,\mathfrak{Z} = 0$ sein. Um $\mathfrak{Im}\,\mathfrak{Z}$ zu bestimmen, ist vorerst der Nenner des obigen Bruches reell zu machen, was durch Erweitern mit dem konjungiert komplexen Wert geschieht. Durch den Nenner kann gegen Null gekürzt werden, und es bleibt für den Imaginärteil des Zählers

$$(R_1 + R_2)\left(R_1\,\omega\,L - \frac{R_2}{\omega\,C}\right) - \left(R_1\,R_2 + \frac{L}{C}\right)\left(\omega\,L - \frac{1}{\omega\,C}\right) = 0 =$$

$$= R_1^2\,\omega\,L - \frac{R_2^2}{\omega\,C} - \frac{\omega\,L^2}{C} + \frac{L}{\omega\,C^2}$$

oder

$$\omega^2\,(R_1^2\,L\,C - L^2) = R_2^2 - L/C,$$

woraus

$$\omega = \sqrt{\frac{R_2^2 - L/C}{R_1^2\,L\,C - L^2}} = \sqrt{\frac{16 - 2}{4{,}5 \cdot 10^{-4} - 10^{-4}}}\,\frac{1}{\mathrm{s}} = 200\,\frac{1}{\mathrm{s}}$$

beziehungsweise

$$f = \frac{200}{2\,\pi} = 31{,}8\,\mathrm{Hz}.$$

Mit dieser Frequenz wird der Gesamtwiderstand

$$\mathfrak{Z} = \frac{12 + 2 + j\,(6 - 4)}{7 + j\,(2 - 1)} = 2\,\Omega$$

und damit der Strom

$$\mathfrak{J} = \frac{U}{\mathfrak{Z}} = \frac{220}{2}\,\frac{\mathrm{V}}{\Omega} = 110\,\mathrm{A}.$$

Für das Vektordiagramm benötigt man noch die Teilströme

$$\mathfrak{J}_1 = \frac{\mathfrak{U}}{R_1 - \dfrac{1}{j\,\omega\,C}} = \frac{220}{3-j}\,\text{A},$$

$$\mathfrak{J}_2 = \frac{\mathfrak{U}}{R_2 - j\,\omega\,L} = \frac{220}{4+j\,2}\,\text{A}.$$

Man zeichnet jetzt im Bild 2 zunächst die beiden Scheinwiderstände $\mathfrak{Z}_1 = 3 - j$ und $\mathfrak{Z}_2 = 4 + j\,2$ und mißt ihre Längen ab zu $Z_1 = 3{,}15\,\Omega$ und $Z_2 = 4{,}47\,\Omega$.

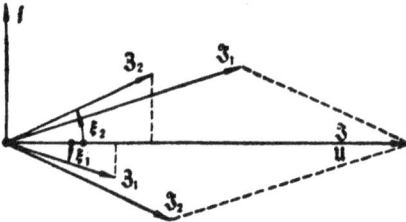

Bild 2 Vektordiagramm

Nunmehr trägt man die Stromvektoren mit den Längen $U/Z_1 = 70$ A und $U/Z_2 = 49{,}3$ A unter den Richtungswinkeln $-\zeta_1$ und $-\zeta_2$ auf. Ihre Summe ergibt den Gesamtstrom $\mathfrak{J} = 110$ A in Phase mit der Spannung U.

Den Frequenzgang des Zweipols erhält man am einfachsten durch ein Ortskurvendiagramm. Die beiden Teilleitwerte

$$\mathfrak{Y}_1 = \frac{1}{R_1 + \dfrac{1}{\omega} \cdot \dfrac{1}{j\,C}} \quad \text{und} \quad \mathfrak{Y}_2 = \frac{1}{R_2 + \omega \cdot j\,L}$$

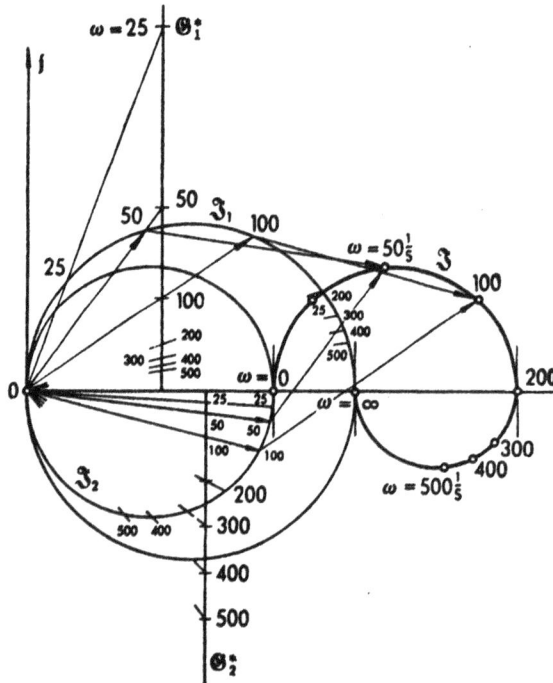

Bild 3 Ortskurven für die Ströme

stellen bei veränderlichem ω Kreise durch den Ursprung dar. Zu ihrer Ermittlung zeichnet man im Bild 3 zunächst die gespiegelten *Nennergeraden*

$$\mathfrak{G}_1^* = R_1 + \frac{1}{\omega}\mathrm{j}\,\frac{1}{C} \qquad \text{und} \qquad \mathfrak{G}_2^* = R_2 - \omega\,\mathrm{j}\,L,$$

in Zahlenwerten

$$\mathfrak{G}^* = 3\,\Omega + \frac{1}{\omega}\mathrm{j}\,200\,\frac{\Omega}{\mathrm{s}} \qquad \text{und} \qquad \mathfrak{G}_2^* = 4\,\Omega - \omega\,\mathrm{j}\,\frac{1}{100}\,\Omega\,\mathrm{s}.$$

Beide sind parallel zur imaginären Achse; ihre Normalabstände vom Ursprung sind 3 Ω und 4 Ω. Die Kreismittelpunkte liegen also in der reellen Achse und haben die Ursprungsabstände 1/6 S und 1 8 S, oder wenn man gleich mit U erweitert (220/6) A = 36,7 A und (220 8) A = 27,5 A, was jetzt in einem neuen Maßstab eingetragen werden kann. Nunmehr können auch die beiden Teilkreise gezeichnet werden. Ihre Summe ergibt die Ortskurve für $\mathfrak{J}$. Man addiert hiefür jeweils die Teilstromvektoren $\mathfrak{J}_1$ und $\mathfrak{J}_2$ für gleiche Parameterwerte ω.

Jetzt kann man auch die Stromwerte leicht abgreifen und in kartesischen Koordinaten darstellen,

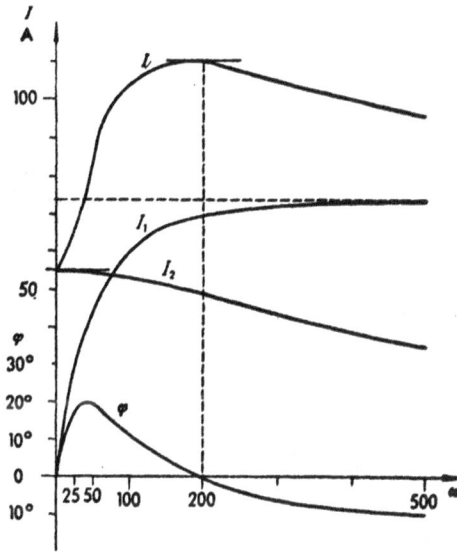

Bild 4 Verlauf der Stromstärken

wie es das Bild 4 zeigt, in dem auch noch die Phasenverschiebung φ zwischen Gesamtstrom und Spannung eingetragen ist.

Vergleiche Band I: § 42345,3. Band II: § 2,2.

4a Hummelschaltung zur Erzeugung einer Phasenverschiebung von 90°

Wie groß muß in der im Bild 1 gezeichneten Schaltung der Widerstand R_2 gemacht werden, damit der Phasenwinkel zwischen $\mathfrak{U}$ und $\mathfrak{J}_1$ 90° beträgt? (Hummelschaltung.)

Wie ist die Frequenzabhängigkeit des Phasenwinkels zwischen 40 und 60 Hz?

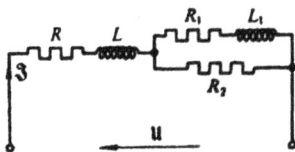

Bild 1 Hummelschaltung

Gegeben ist:

$$R = 5\,\Omega: \qquad \omega L = 4\,\Omega \;\Big\}$$
$$R_1 = 1\,\Omega: \qquad \omega L_1 = 2\,\Omega \;\Big\} \quad \text{bei 50 Hz};$$

$$U = 220\,\text{V}.$$

L ö s u n g : Setzt man den Realteil des Gesamtwiderstandes gleich Null, so ergibt sich die Bedingungsgleichung

$$R_2 = \frac{\omega^2 L L_1 - R R_1}{R + R_1}$$

oder in Zahlenwerten

$$R_2 = 0.5\,\Omega.$$

Zur Ermittlung der Frequenzabhängigkeit zeichnet man wieder am besten die Ortskurve für $\mathfrak{J}$. Es wird nach Einsetzen der Zahlenwerte

$$\mathfrak{J} = U \frac{1}{16 + f\,j\,68 \cdot 10^{-2} - f^2\,64 \cdot 10^{-4}} \frac{V}{\Omega}.$$

Das gibt für den Nenner die im Bild 2 dünn gezeichnete Parabel, deren Inversion die stark ausgezogene Kurve liefert. Die für die Aufgabe nicht benötigten Kurventeile sind strichliert gezeichnet. In kartesische Koordinaten übertragen ergibt sich die „Fehlerkurve" Bild 3.

V e r g l e i c h e B a n d II : § 2,2.

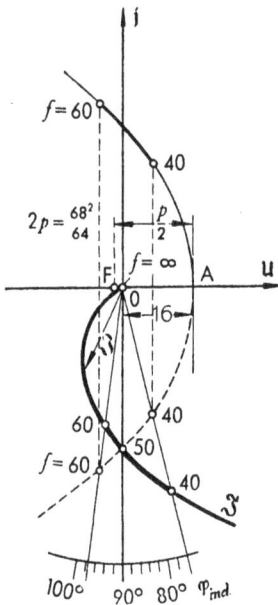

Bild 2 Ortskurvendiagramm

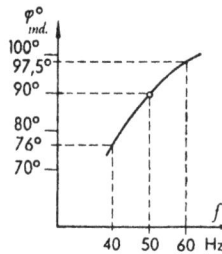

Bild 3 Fehlerkurve

4 b Widerstandsresonanz

In der Schaltung, Bild 522—4/1 ist $R_1 = R_2 = R = 1000\,\Omega$ und $L = 0.5\,H$. Wie groß muß C gemacht werden, damit die Anordnung unabhängig von der Frequenz wie ein Ohmscher Widerstand wirkt? (*Widerstandsresonanz*)

L ö s u n g : Die Nullsetzung des Imaginärteiles von $\mathfrak{Y}$ liefert

$$C = \frac{L}{R^2} \quad \text{und} \quad C = \frac{1}{\omega^2 L}.$$

Nur die erste Lösung entspricht der Frequenzunabhängigkeit. Es ergibt sich dann

$$C = \frac{0.5\ H}{10^6\ \Omega^2} = 0.5\,\mu F.$$

V e r g l e i c h e B a n d I : § 42345,3.

5 Boucherotschaltung für konstanten Strom

Was ist in der Schaltung, Bild 1 zwischen A und B einzuschalten, damit der Belastungsstrom $\mathfrak{J}$ unabhängig wird vom Belastungswiderstand $\mathfrak{Z}_n$? (Boucherotschaltung.)

L ö s u n g : Bezeichnet man den gesuchten Scheinwiderstand mit $\mathfrak{Z}$, so wird

$$\mathfrak{J} = \frac{U - \mathfrak{J}_1\, j\, \omega L}{\mathfrak{Z}_B} = \frac{U}{\mathfrak{Z}_B} - (\mathfrak{J} + \mathfrak{J}_2)\frac{j\,\omega L}{\mathfrak{Z}_B}.$$

Andererseits ist

$$\mathfrak{J}\,\mathfrak{Z}_B = \mathfrak{J}_2\,\mathfrak{Z},$$

so daß

$$\mathfrak{J} = \frac{U}{\mathfrak{Z}_B} - \mathfrak{J}\left(1 + \frac{\mathfrak{Z}_B}{\mathfrak{Z}}\right)\frac{j\,\omega L}{\mathfrak{Z}_B}$$

oder

$$\mathfrak{J} = \frac{U\,\mathfrak{Z}}{\mathfrak{Z}_B\,(\mathfrak{Z} + j\,\omega L) + \mathfrak{Z}\, j\,\omega L}.$$

Der Strom ist also belastungsunabhängig, wenn $\mathfrak{Z} + j\,\omega L = 0$ oder

$$\mathfrak{Z} = -\, j\,\omega L = \frac{1}{j\,\omega C}$$

ein Kondensator von der Kapazität $C = 1/(\omega^2 L)$ ist.

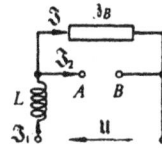

Bild 1
Boucherot-
schaltung

6 Reihenschwingkreis

Für einen Reihenschwingkreis mit veränderlicher Kapazität ist die Ortskurve der Kondensatorspannung zu zeichnen. Gegeben ist

$$R = 2\,\Omega, \qquad U = 200\,\text{V},$$
$$\omega L = 1\,\Omega, \qquad \omega = 500\,\text{s}^{-1}.$$

L ö s u n g : Die Kondensatorspannung ist

$$\mathfrak{U}_c = \frac{\mathfrak{J}}{j\,\omega C} = \frac{U}{j\,\omega C\left(R + j\,\omega L + \dfrac{1}{j\,\omega C}\right)} = \frac{U}{1 + C(-\,\omega^2 L + j\,\omega R)}$$

oder mit den Zahlenwerten

$$\mathfrak{U}_c = \frac{200\,\text{V}}{1 + C\,(-\,500 + j\,1000)\dfrac{1}{\text{F}}} = \frac{200\,\text{V}}{1 + C\,10^{-3}\,(-\,0{,}5 + j)\dfrac{1}{\mu\text{F}}}$$

Das gibt für veränderliches C einen Kreis durch den Ursprung. Die Nennergerade wird erhalten, wenn man vom Punkt 1 der reellen Achse den Vektor $(+\,0{,}5 + j)$ aufträgt (Bild 1). Das Spiegelbild ist die Gerade $\mathfrak{G}^*$, für die der oben erwähnte, gespiegelte Punkt P* bereits dem Zahlenwert $C = 1000\,\mu\mathrm{F}$ entspricht. Andere Skalenpunkte ergeben sich durch reguläre Teilung. Der Kreismittelpunkt wird auf der Senkrechten zu $\mathfrak{G}^*$ im Abstand $1/2\,\overline{ON} = 1/2 \cdot 0{,}895 = 1/1{,}79$ erhalten. Multipliziert man noch mit $U = 200\,\mathrm{V}$, so wird der Mittelpunktsvektor $\mathfrak{M} = 200/1{,}79 = 112\,\mathrm{V}$, was in irgendeinem Maßstab aufgetragen werden kann. Damit kann der Kreis gezeichnet und mit Hilfe der Bezifferungsgeraden beziffert werden.

Vergleiche Band II: § 2,2.

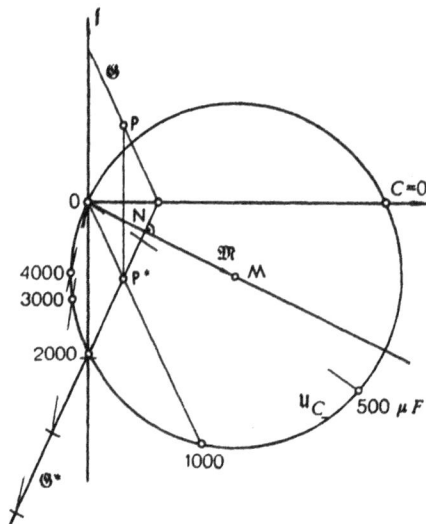

6a Zweipol mit vom Wirkwiderstand unabhängigem Scheinwiderstand

Für die im Bild 1 dargestellte Schaltung ist der Scheinwiderstand in Ortskurvenform zu ermitteln, wenn R zwischen 0 und $+\infty$ verändert wird.

Bild 1 Ortskurve zum Reihenschwingkreis

Gegeben ist

$$C = 2\,\mu\mathrm{F},$$
$$L = 10\,\mathrm{mH},$$
$$\omega = 10\,000\,\mathrm{s}^{-1}.$$

Lösung: Es wird

$$\mathfrak{Z} = -\,\mathrm{j}\,50\,\Omega + \frac{1}{-\,\mathrm{j}\,10^{-2}\,\mathrm{S} + 1/R}.$$

Der Bruch liefert einen Halbkreis durch den Ursprung, dessen Mittelpunkt auf der imaginären Achse im Abstand $\mathrm{j}\,50\,\Omega$ liegt. Durch den ersten Summanden wird der Kreismittelpunkt in den Ursprung verschoben (oder für die Konstruktion besser der Ursprung in den Kreismittelpunkt), so daß der Halbkreis die im Bild 2 gezeigte Hauptlage bekommt.

Die Bezifferungsgerade erhält eine reziproke Teilung.

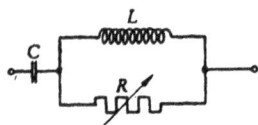

Bild 1 Schaltbild des Zweipoles

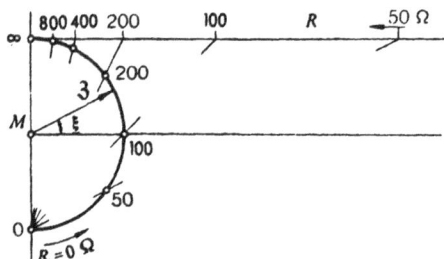

Bild 2 Frequenzgang des Zweipolwiderstandes

Die Ortskurve zeigt, daß hier im besonderen der Zahlenwert der Ersatz-impedanz konstant bleibt. Es ist dies dann der Fall, wenn $1/(\omega C) = \omega L/2$ ist, was hier zutrifft. Es ist dann $Z = |\mathfrak{Z}| = \omega L/2$ und der Phasenwinkel

$$\zeta = \operatorname{arctg} \frac{R^2 - \omega^2 L^2}{2 R \omega L} = \operatorname{arctg} \frac{R^2 - 10^1 \Omega^2}{200 R \Omega},$$

so daß die Kreisgleichung auch in der Form

$$\mathfrak{Z} = \frac{\omega L}{2} e^{\operatorname{arctg} \frac{R^2 - \omega^2 L^2}{2 R \omega L}} = 50 e^{\operatorname{arctg} \frac{R^2 - 10^4 \Omega^2}{200 R \Omega}}$$

hätte geschrieben werden können.

§ 53 Verkettete Systeme

§ 531 Einführung

Unter den verketteten Systemen hat vor allem das verkettete Dreiphasen-system unter dem Namen *Drehstromsystem* hervorragende Bedeutung erlangt. In früheren Zeiten und vereinzelt auch noch heute wurde auch ein verkettetes Zweiphasensystem verwendet, bei dem die eine Phasenspannung der zweiten um 90^0 nacheilt.

Die Verkettung beim Dreiphasensystem kann durch *Stern-* oder durch *Dreieckschaltung* erfolgen. Bei sinusförmig veränderlichen Wechselstromgrößen steigen im ersten Falle die Leiterspannungen, im zweiten die Leiterströme auf das $\sqrt{3}$fache der Phasenwerte. Die Leistung ist unabhängig von der Schaltung

$$N_{w3} = U I \sqrt{3} \cos \varphi$$

für das ganze System. Beim Zweiphasensystem ist sie

$$N_{w2} = U I \sqrt{2} \cos \varphi,$$

wobei die *Leiterspannung* das $\sqrt{2}$fache der Phasenspannung beträgt.

Im symmetrischen Dreiphasensystem ist dabei in jedem Augenblick

$$u_R + u_S + u_T = 0 \qquad \text{oder} \qquad \mathfrak{U}_R + \mathfrak{U}_S + \mathfrak{U}_T = 0$$

und

$$i_R + i_S + i_T = 0 \qquad \text{oder} \qquad \mathfrak{J}_R + \mathfrak{J}_S + \mathfrak{J}_T = 0.$$

Ist bei der Sternschaltung aber ein Nulleiter (*Sternpunktsleiter*) vorhanden, so gilt für die Ströme

$$i_R + i_S + i_T = i_M \qquad \text{oder} \qquad \mathfrak{J}_R + \mathfrak{J}_S + \mathfrak{J}_T = \mathfrak{J}_M.$$

Bei symmetrischer Belastung ist auch hier $\mathfrak{J}_M = 0$.

Bei unsymmetrischer Belastung oder unsymmetrischen Systemen zerlegt man in symmetrische Komponenten, wobei

die *Mitkomponente* $\mathfrak{B}_{R1} = \frac{1}{3} (\mathfrak{B}_R + \mathfrak{a} \mathfrak{B}_S + \mathfrak{a}^2 \mathfrak{B}_T)$;

die *Gegenkomponente* $\mathfrak{B}_{R2} = \frac{1}{3} (\mathfrak{B}_R + \mathfrak{a}^2 \mathfrak{B}_S + \mathfrak{a} \mathfrak{B}_T)$;

die *Nullkomponente* $\mathfrak{B}_{R0} = \frac{1}{3} (\mathfrak{B}_R + \mathfrak{B}_S + \mathfrak{B}_T)$

und

$$\mathfrak{B}_{S1} = a^2 \mathfrak{B}_{R1}; \quad \mathfrak{B}_{S2} = a\, \mathfrak{B}_{R2}; \quad \mathfrak{B}_{S0} = \mathfrak{B}_{R0};$$
$$\mathfrak{B}_{T1} = a\, \mathfrak{B}_{R1}; \quad \mathfrak{B}_{T2} = a^2 \mathfrak{B}_{R2}; \quad \mathfrak{B}_{T0} = \mathfrak{B}_{R0}.$$

Umgekehrt ist

$$\mathfrak{B}_R = \mathfrak{B}_{R0} + \mathfrak{B}_{R1} + \mathfrak{B}_{R2};$$
$$\mathfrak{B}_S = \mathfrak{B}_{R0} + a^2 \mathfrak{B}_{R1} + a\, \mathfrak{B}_{R2};$$
$$\mathfrak{B}_T = \mathfrak{B}_{R0} + a\, \mathfrak{B}_{R1} + a^2 \mathfrak{B}_{R2}.$$

Der Operator

$$a = -\frac{1}{2} + j\frac{\sqrt{3}}{2}.$$

ist ein reiner *Dreher*.

§ 532 Rechenbeispiele

1 Mittelpunktspannung des verketteten Zweiphasennetzes

In einem leerlaufenden verketteten Zweiphasennetz haben alle drei Leitungen gleiche Kapazität gegen Erde. Welche Spannung hat der Verkettungspunkt gegen Erde, wenn die Phasenspannung 6000 V beträgt?

Wie groß sind die Leiterspannungen gegen Erde?

Lösung: Nach Bild 1 ist

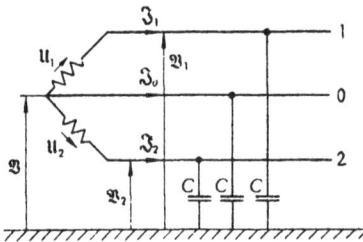

Bild 1 Schaltung des Zweiphasensystems

$$\mathfrak{B} + \mathfrak{U}_1 - \frac{\mathfrak{J}_1}{j\,\omega\,C} = 0,$$

$$\mathfrak{B} \qquad - \frac{\mathfrak{J}_0}{j\,\omega\,C} = 0,$$

$$\mathfrak{B} + \mathfrak{U}_2 - \frac{\mathfrak{J}_2}{j\,\omega\,C} = 0,$$

woraus durch Addition und unter Beachtung von

$$\mathfrak{J}_1 + \mathfrak{J}_0 + \mathfrak{J}_2 = 0$$

und

$$\mathfrak{U}_2 = -j\,\mathfrak{U}_1$$
$$3\,\mathfrak{B} + \mathfrak{U}_1 + \mathfrak{U}_2 = 0.$$

Es ist somit

$$\mathfrak{B} = -\frac{\mathfrak{U}_1 + \mathfrak{U}_2}{3} = \mathfrak{U}_1\frac{j-1}{3} =$$
$$= 2000\,(j - 1)\,\text{V} = 2830\,e^{j\,135^\circ}\,\text{V}.$$

Das Vektordiagramm zeigt das Bild 2.

Die Leiterspannungen gegen Erde werden

$$\mathfrak{B}_1 = \mathfrak{B} + \mathfrak{U}_1 = 2000\,(j + 2)\,\text{V} = 4470\,e^{j\,26,5^\circ}\,\text{V},$$
$$\mathfrak{B}_2 = \mathfrak{B} + \mathfrak{U}_2 = 2000\,(-2\,j - 1)\,\text{V} = 4470\,e^{-j\,116,5^\circ}\,\text{V}$$

und sind ebenfalls im Vektorbild eingetragen.

Vergleiche Band I: § 4234,2.

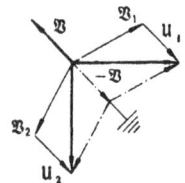

Bild 2
Vektordiagramm
der Spannungen

2 Skottschaltung

Zwei Transformatoren sind nach Bild 1 geschaltet und an die Primärseite an ein verkettetes Zweiphasensystem mit der Phasenspannung von 3000 V angeschlossen (Leiterspannung 4250 V). Welche Spannungen ergeben sich zwischen den Sekundärklemmen U, V, W, wenn die Windungszahlen wie folgt gewählt wurden:

$$w_1 = w_2,$$
$$w_1' = w_1,$$
$$w_2' = \frac{\sqrt{3}}{2}\, w_2.$$

Das Vektordiagramm ist zu zeichnen.

L ö s u n g : Aus den Umläufen auf der Sekundärseite ergibt sich

$$\mathfrak{U}_{RS} - \mathfrak{U}_1 \frac{w_1'}{w_1} = 0,$$

$$\mathfrak{U}_{ST} - \mathfrak{U}_2 \frac{w_2'}{w_2} + \frac{\mathfrak{U}_1}{2} \frac{w_1'}{w_1} = 0,$$

$$\mathfrak{U}_{TR} + \frac{\mathfrak{U}_1}{2} \frac{w_1'}{w_1} + \mathfrak{U}_2 \frac{w_2'}{w_2} = 0,$$

woraus mit $\mathfrak{U}_2 = -\,j\,\mathfrak{U}_1$

$$\mathfrak{U}_{RS} = \mathfrak{U}_1,$$

$$\mathfrak{U}_{ST} = -\frac{\mathfrak{U}_1}{2} - j\,\mathfrak{U}_1 \frac{\sqrt{3}}{2} = \mathfrak{a}^2\,\mathfrak{U}_1,$$

$$\mathfrak{U}_{TR} = -\frac{\mathfrak{U}_1}{2} + j\,\mathfrak{U}_1 \frac{\sqrt{3}}{2} = \mathfrak{a}\,\mathfrak{U}_1.$$

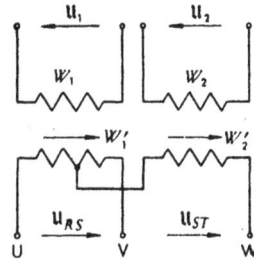

Bild 1 Skottschaltung

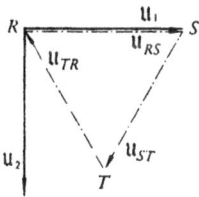

Bild 2
Vektordiagramm
der Skottschaltung

An den Sekundärklemmen entsteht also ein symmetrisches Drehstromsystem (*Skottschaltung*) mit gleich großen Spannungen von 3000 V.

Das Vektordiagramm zeigt das Bild 2.

2a Sekundär im Zickzack geschalteter Transformator

Für einen in Dreieck/Zickzack geschalteten Drehstromtransformator ist das Verhältnis der verketteten Leerlaufspannungen zu berechnen und das Vektordiagramm der Leerlaufspannungen zu zeichnen, wenn das Windungsübersetzungsverhältnis $w_1/w_2 = 1/2$ beträgt und die primäre Netzspannung 380 V ist.

Wie ändert sich das Diagramm, wenn der Transformator primär in Stern geschaltet wird?

L ö s u n g : Bei der Dreieck/Zickzack-Schaltung wird

$$\mathfrak{U}_{UV} = 3\,\mathfrak{U}_{SR}; \quad U_{UV} = 1140\,\text{V},$$

bei der Stern Zickzack-Schaltung

$$\mathfrak{U}_{UV} = 3\,\mathfrak{U}_s: \qquad U_{UV} = 660\,\text{V}.$$

Die Vektordiagramme zeigt Bild 1.

Vergleiche Band I: § 42341,1.

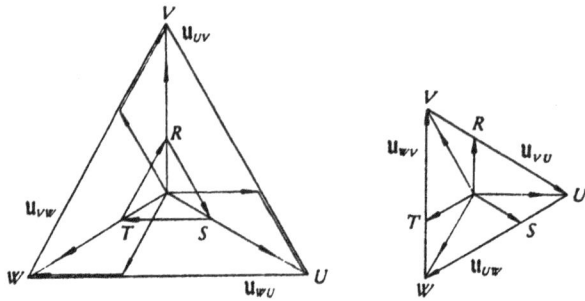

Bild 1 Vektordiagramme der Spannungen

3 Symmetrieren einer unsymmetrischen Drehstrombelastung

Ein Drehstromgenerator mit der Phasenspannung von 220 V ist zwischen den Phasen S und T mit einem Ohmschen Widerstand $R = 4\,\Omega$ belastet. Durch Anschließen reiner Blindlasten zwischen den beiden anderen Phasen soll erreicht werden, daß der Generator symmetrisch belastet wird (*Symmetrieren*).

Was ist anzuschließen, wenn außerdem für den Generator ein Leistungsfaktor $\cos \varphi = 1$ entstehen soll?

Wie groß sind die Ströme? (Vektordiagramm.)

Lösung: Mit den Bezeichnungen des Schaltbildes 1 ergeben sich zunächst die Belastungsströme

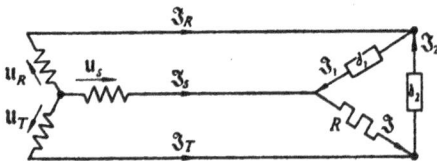

Bild 1 Schaltung der Belastung

$$\mathfrak{I}_1 = \frac{\mathfrak{U}_R = \mathfrak{U}_s}{\mathfrak{Z}_1} = \mathfrak{U}_R \frac{1 - \mathfrak{a}^2}{\mathfrak{Z}_1},$$

$$\mathfrak{I} = \frac{\mathfrak{U}_s - \mathfrak{U}_T}{R} = \mathfrak{U}_R \frac{\mathfrak{a}^2 - \mathfrak{a}}{R},$$

$$\mathfrak{I}_2 = \frac{\mathfrak{U}_T - \mathfrak{U}_R}{\mathfrak{Z}_2} = \mathfrak{U}_R \frac{\mathfrak{a} - 1}{\mathfrak{Z}_2}$$

und daraus

$$\mathfrak{I}_R = \mathfrak{I}_1 - \mathfrak{I}_2 = \mathfrak{U}_R \left(\frac{1 - \mathfrak{a}^2}{\mathfrak{Z}_1} - \frac{\mathfrak{a} - 1}{\mathfrak{Z}_2} \right).$$

$$\mathfrak{I}_s = \mathfrak{I} - \mathfrak{I}_1 = \mathfrak{U}_R \left(\frac{\mathfrak{a}^2 - \mathfrak{a}}{R} - \frac{1 - \mathfrak{a}^2}{\mathfrak{Z}_1} \right),$$

$$\mathfrak{I}_T = \mathfrak{I}_2 - \mathfrak{I} = \mathfrak{U}_R \left(\frac{\mathfrak{a} - 1}{\mathfrak{Z}_2} - \frac{\mathfrak{a}^2 - \mathfrak{a}}{R} \right)$$

Soll sich nun die Belastung als für den Generator symmetrisch auswirken, dann darf es kein Gegenstromsystem geben. Es muß also

$$\mathfrak{J}_{R2} - \tfrac{1}{3}(\mathfrak{J}_R + \mathfrak{a}^2 \mathfrak{J}_S + \mathfrak{a}\,\mathfrak{J}_T) = 0 =$$

$$= \frac{\mathfrak{U}_R}{2}\left(\frac{1 + \mathfrak{a}^4 - 2\,\mathfrak{a}^2}{\mathfrak{Z}_1} + \frac{1 - 2\,\mathfrak{a} + \mathfrak{a}^2}{\mathfrak{Z}_2} + \frac{-2\,\mathfrak{a}^3 + \mathfrak{a}^4 + \mathfrak{a}^2}{R}\right)$$

sein oder

$$\frac{1 + \mathfrak{a} - 2\,\mathfrak{a}^2}{\mathfrak{Z}_1} + \frac{1 - 2\,\mathfrak{a} + \mathfrak{a}^2}{\mathfrak{Z}_2} + \frac{-2 + \mathfrak{a} + \mathfrak{a}^2}{R} = 0 = \frac{-3\,\mathfrak{a}^2}{\mathfrak{Z}_1} + \frac{-3\,\mathfrak{a}}{\mathfrak{Z}_2} + \frac{-3}{R}.$$

Für die $\mathfrak{Z}_1$, $\mathfrak{Z}_2$ gilt also die Bestimmungsgleichung

$$\frac{\mathfrak{a}^2}{\mathfrak{Z}_1} + \frac{\mathfrak{a}}{\mathfrak{Z}_2} + \frac{1}{R} = 0.$$

Da es sich um eine komplexe Gleichung handelt, steht sie für zwei Gleichungen, womit also $\mathfrak{Z}_1$ und $\mathfrak{Z}_2$ bestimmt sind. Die Bedingung für den Leistungsfaktor kann also nicht mehr gestellt werden. Vermutlich wird aber der Leistungsfaktor auch so zu 1 werden, da ja die beiden gesuchten Belastungswiderstände zum dritten nichts beitragen und dieser ohnehin ein reiner Wirkwiderstand ist.

Setzt man jetzt nach Voraussetzung $\mathfrak{Z}_1 = j X_1$; $\mathfrak{Z}_2 = j X_2$, so wird

$$-j\,\frac{\mathfrak{a}^2}{X_1} - j\,\frac{\mathfrak{a}}{X_2} + \frac{1}{R} = 0$$

oder

$$j\,\frac{1}{2\,X_1} - \frac{\sqrt{3}}{2\,X_1} + j\,\frac{1}{2\,X_2} + \frac{\sqrt{3}}{2\,X_2} + \frac{1}{R} = 0,$$

woraus nach Trennung der Imaginärteile von den reellen:

$$\frac{\sqrt{3}}{2\,X_1} - \frac{\sqrt{3}}{2\,X_2} = \frac{1}{R};$$

$$\frac{1}{2\,X_1} + \frac{1}{2\,X_2} = 0,$$

also

$$X_1 = R\sqrt{3} = 4\sqrt{3}\ \Omega \quad \text{und} \quad X_2 = -X_1 = -4\sqrt{3}\ \Omega.$$

X_1 ist also ein induktiver, X_2 ein kapazitiver Widerstand, und es wird

$$L = \frac{X_1}{\omega} = \frac{4\sqrt{3}}{100\,\pi}\ \Omega\,\text{s} = 22\ \text{mH}$$

und

$$C = \frac{1}{\omega\,X_2} = \frac{1}{100\,\pi\,4\sqrt{3}}\ \text{S}\,\text{s} = 460\ \mu\text{F}.$$

Das Vektordiagramm stellt Bild 2 dar. Es zeigt die Ströme

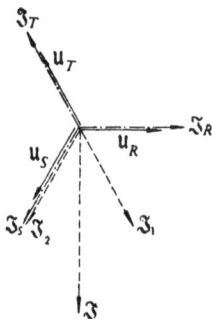

$$\mathfrak{J} = \frac{\mathfrak{u}_S - \mathfrak{u}_T}{R} = \frac{U_R}{R}(\mathfrak{a}^2 - \mathfrak{a}) = -\,j\,\frac{U_R}{R}\sqrt{3} = -\,j\,95{,}2 \text{ A},$$

$$\mathfrak{J}_1 = \frac{\mathfrak{u}_R - \mathfrak{u}_S}{j\,\omega\,L} = \frac{\mathfrak{u}_R}{j\,R}\,\frac{1 - \mathfrak{a}^2}{\sqrt{3}} = -\,\frac{U}{R}\,\mathfrak{a} = -\,\mathfrak{a}\,55 \text{ A},$$

$$\mathfrak{J}_2 = \frac{\mathfrak{u}_T - \mathfrak{u}_R}{j\,X_2} = \frac{-\,\mathfrak{u}_R\,\mathfrak{a} - 1}{j\,R\,\sqrt{3}} = \frac{U}{R}\,\mathfrak{a}^2 = \mathfrak{a}^2\,55 \text{ A},$$

$$I_R = I_S = I_T = |\mathfrak{J}_1 - \mathfrak{J}_2| = \frac{U}{R}\,|-\mathfrak{a} - \mathfrak{a}^2| = \frac{U}{R} = 55 \text{ A}.$$

Bild 2
Vektordiagramm

Der Leistungsfaktor ist also tatsächlich 1.

3a Zweipoliger Kurzschluß einer Drehstromleitung

Eine mit der Phasenspannung von 3 kV gespeiste, symmetrische und leerlaufende Drehstromleitung erhält zwischen den Phasen S und T einen Kurzschluß über einen Widerstand von 2 Ω.

Wie groß sind die symmetrischen Komponenten der Phasenströme, wenn der Leitungswiderstand je Phase 2 Ω und die Phaseninduktivität der Leitung 12,7 mH beträgt? ($f = 50$ Hz.)

Lösung: Es wird

$$\mathfrak{J}_{R1} = \frac{\mathfrak{u}_R}{2\,\mathfrak{Z} + R} = (180 - j\,240) \text{ A},$$

$$\mathfrak{J}_{R2} = -\,\frac{\mathfrak{u}_R}{2\,\mathfrak{Z} + R} =$$

$$= (-\,180 + j\,240) \text{ A}$$

und

$$I_{R1} = -\,I_{R2} = 300 \text{ A}.$$

Das Vektordiagramm zeigt Bild 1.

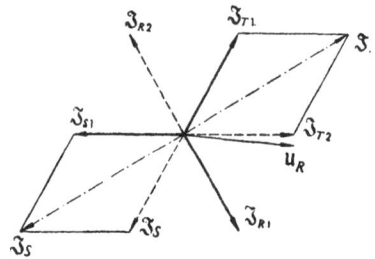

Bild 1 Vektordiagramm

§ 54 Fragen der Stromerzeugung

§ 541 Einführung

Die hier auftretenden Fragen sind für die Stark- und Fernmeldetechnik sehr verschieden. Kommt es in der Starkstromtechnik in erster Linie auf die Kleinhaltung der Verluste und damit bedingte Erreichung hoher Wirkungsgrade, auf die Erreichung möglichst reiner Sinuskurven und die Schaffung günstigster Vorbedingungen zur Fortleitung größerer elektrischer Energien an, so legt die Fernmeldetechnik ihr Hauptgewicht auf die Erscheinungen der Frequenzabhängigkeit, der Überlagerung von Schwingungen verschiedener Frequenzen und die Dämpfung.

Bei den Drehstromsynchronmaschinen der Starkstromtechnik, die auf dem Induktionsgesetz aufgebaut sind, besteht zwischen Drehzahl, Frequenz und Polpaarzahl die Beziehung

$$f = n\,p.$$

Im Anker der Maschine wird durch das sich drehende Feld des Polrades eine EMK induziert, von der ein Spannungsabfall infolge des inneren Widerstandes und ein um 90⁰ dagegen verschobener, von der Streuung herrührender, abzuziehen sind. Der stromdurchflossene Anker wirkt feldverstärkend oder feldschwächend auf das Polrad zurück, je nach der Phasenlage des Belastungsstromes.

In der Fernmeldetechnik wird die Leistung meist in Röhrengeräten gewonnen, die mit Rückkopplung arbeiten. Als Selbsterregungsbedingung erhält man für die Meißnerschaltung, die im Anodenkreis einen einfachen Schwingungskreis enthält,

$$\frac{M}{L} = k\,\ddot{u} \gtreqless \frac{1}{S}\,\frac{R\,C}{L} + D,$$

worin S, D die Kenngrößen der Röhren, R, L, C jene des Schwingungskreises und M die gegenseitige Induktivität der Kopplungsspule bzw. k und $\ddot{u}$ Kopplungsfaktor und Übersetzungsverhältnis derselben bedeuten. Die Röhre schwingt dann mit der Eigenfrequenz

$$\omega_e = \omega_0\,\sqrt{1 + R/R_i},$$

die der Resonanzfrequenz

$$\omega_0 = \frac{1}{\sqrt{L\,C}}$$

des Schwingkreises um so näher kommt, je größer der innere Widerstand R_i der Röhre im Vergleich zum Widerstand im Schwingkreis ist.

Bis zu einem gewissen Grad gehören auch die Transformatoren in dieses Kapitel. Sie übersetzen die Spannungen wie die Windungszahlen, die Ströme umgekehrt wie die Windungszahlen und die Widerstände wie die Quadrate der Windungszahlen der beiden Wicklungen.

Eine wichtige Kenngröße des Starkstromtransformators ist das Kurzschlußdreieck. Es gestattet die Ermittlung des Ersatzscheinwiderstandes, als der der Transformator im einfachsten Fall dargestellt werden kann, wenn die Eisenverluste und der Magnetisierungsstrom vernachlässigt werden. Es ist dann

$$\mathfrak{Z}_{Tr} = \frac{U^2}{N}\,(u_r + j\,u_s),$$

worin u_r den Spannungsabfall bei induktionsfreier Vollast und u_s den Streuungsabfall bedeuten. u_s errechnet man aus der Kurzschlußspannung u_k zu

$$u_s = \sqrt{u_k^2 - u_r^2}.$$

Mit großem Vorteil wendet man bei Transformatorproblemen die Vierpol- und Kettenleitertheorie an.

§ 542 Rechenbeispiele

1 Drehzahl von Synchronmaschinen

Welches ist die höchste Drehzahl, für die eine Synchronmaschine bei $f = 50$ Hz ausgeführt werden kann?

Lösung: Da die kleinstmögliche Polpaarzahl $p = 1$ beträgt, wird

$$n = f\,p = 50\ \text{s}^{-1} = 3000\ \text{Umdr. min.}$$

2 Leistungsfaktorverbesserung

An eine 20 kV-Drehstromleitung sind zwei Konsumgebiete mit den Verbrauchsleistungen

$$N_1 = 800\ \text{kW} \quad \text{bei} \quad \cos \varphi_1 = 0{,}8,$$
$$N_2 = 400\ \text{kW} \quad \text{bei} \quad \cos \varphi_2 = 0{,}707$$

angeschlossen. Mit Rücksicht auf die Strombelastung der speisenden Generatoren soll der Leistungsfaktor auf $\cos \varphi' = 0{,}9$ verbessert werden. Hierzu stehen Kondensatoren für 60 kV zur Verfügung. Wie groß ist die erforderliche Kapazität der Kondensatorbatterie?

Lösung: Ohne Kondensatorbatterie wird der Generator mit der Wirkleistung

$$N_w = N_1 + N_2 = 1200\ \text{kW}$$

und der Blindleistung

$$N_b = N_1 \operatorname{tg} \varphi_1 + N_2 \operatorname{tg} \varphi_2 = 600 + 400 = 1000\ \text{kVA},$$

also der Scheinleistung

$$N_s = \sqrt{N_w^2 + N_b^2} = 1560\ \text{kVA}$$

belastet. Sein Leistungsfaktor wäre damit

$$\cos \varphi = N_w / N_s = 1200/1560 = 0{,}77.$$

Soll er 0,9 nicht unterschreiten, darf die Blindleistung N_b den Betrag

$$N_b' = N_w \operatorname{tg} \varphi' = 1200 \cdot 0{,}485\ \text{kVA} = 582\ \text{kVA}$$

nicht übersteigen. Es ist also die kapazitive Blindleistung

$$N_c = N_b - N_b' = (1000 - 582\ \text{kVA}) = 418\ \text{kVA}$$

durch Kondensatoren aufzubringen. Das ergäbe eine erforderliche Kapazität von

$$C_{20} = \frac{N_c}{3\,\omega\,U^2} = \frac{418}{300 \cdot \pi \cdot 400}\ \frac{\text{kVA s}}{\text{kV}^2} = 1{,}11\ \mu\text{F},$$

wenn die Kondensatoren in Stern geschaltet würden. Ist ein Transformator (20/60) kV vorhanden, so erniedrigt sich die Kapazität auf

$$C_{60} = \frac{C_{20}}{\ddot{u}^2} = \frac{1{,}11}{9}\ \mu\text{F} = 0{,}128\ \mu\text{F}.$$

2a Erweiterung eines Konsumgebietes durch Anschluß einer Asynchronzentrale

Eine Synchronzentrale besitzt einen Generator für 800 kVA und speist ein Konsumgebiet mit 600 kW bei $\cos\varphi = 0,8$.

Welche Vergrößerung des Konsums ist bei gleichbleibendem Leistungsfaktor möglich, wenn später eine Asynchronzentrale angeschlossen wird, deren Generator 200 kW bei $\cos\varphi = 0,9$ abgeben kann?

Mit welchem Leistungsfaktor arbeitet dann der Synchrongenerator?

L ö s u n g : Die Verbraucherleistung kann auf

$$N_w = 815 \text{ kW}$$

und

$$N_b = 611 \text{ kVA}$$

steigen. Der Generator ist mit

$$\cos\varphi = 0\,77$$

belastet.

3 Selbsterregung bei Rückkopplung nach Meißner

An einen Schwingungskreis mit

$$L = 15\,\mu\text{H},$$
$$C = 30\,\mu\text{F},$$
$$R = 5\,\Omega$$

wird eine Dreipolröhre mit den Kennwerten

$$D = 10^0{}_0; \quad S = 100\,\frac{\text{mA}}{\text{V}}$$

in Rückkopplungsschaltung nach Meißner angeschlossen.

Wie groß muß die Kopplung gemacht werden, damit bei einem Übersetzungsverhältnis der Kopplungsspule von $ü = 1:2$ Selbsterregung eintritt?

Wie groß ist dann die Eigenfrequenz des Schwingungskreises?

L ö s u n g : Die Selbsterregungsbedingung lautet

$$k\,ü \geqq \frac{1}{S}\,\frac{RC}{L} + D = \frac{5 \cdot 30}{0,1 \cdot 15}\,\frac{\Omega^2\,\text{s}}{\Omega^2\,\text{s}} + 0,1,$$

also

$$k \geqq \frac{100,1}{ü} = 200,2.$$

Die Resonanzfrequenz des Schwingungskreises ist

$$\omega_0 = \frac{1}{\sqrt{LC}} = \frac{10^6}{\sqrt{15 \cdot 30}}\,\frac{1}{\text{s}} = 47,2 \text{ kHz}$$

und die Eigenfrequenz

$$\omega_e = \omega_0 \sqrt{1 + \frac{R}{R_l}} = \omega_0 \sqrt{1 + R S D} = 47{,}2 \sqrt{1 + 5 \cdot 2 \cdot 0{,}1} \, \mathrm{kHz} = 66{,}7 \, \mathrm{kHz}.$$

Vergleiche Band III.

4 Ersatzwiderstand für einen Einphasentransformator

Der Kurzschlußversuch an einem Einphasentransformator für $N_n = 200 \, \mathrm{kVA}$ und $U_n = 10 \, \mathrm{kV}$ Primärspannung ergab bei Vollaststrom eine Spannung von $U_k = 366 \, \mathrm{V}$ bei einer Leistungsaufnahme von $N_k = 4200 \, \mathrm{W}$.

Wie groß sind Wirk- und Blindwiderstand der Ersatzschaltung?

Wie groß ist der Spannungsabfall im Transformator bei $b = 70\%$iger Belastung und $\cos \varphi = 0{,}7$?

Lösung: Aus den Transformatorkenngrößen ergibt sich zunächst der Nennstrom zu

$$I_n = \frac{N_n}{U_n} = \frac{200}{10} \, \mathrm{A} = 20 \, \mathrm{A}.$$

Damit wird die Wirkkomponente der Kurzschlußspannung

$$U_r = \frac{N_k}{I_n} = \frac{4200}{20} \, \mathrm{V} = 210 \, \mathrm{V}$$

und die Blindkomponente

$$U_s = \sqrt{U_k^2 - U_r^2} = \sqrt{90000} \, \mathrm{V} = 300 \, \mathrm{V}.$$

Die gesuchten Ersatzwiderstände sind daher

$$R = \frac{U_r}{I_n} = \frac{210}{20} \, \Omega = 10{,}5 \, \Omega,$$

$$\omega L = \frac{U_s}{I_n} = \frac{300}{20} \, \Omega = 15 \, \Omega.$$

Der Spannungsabfall bei 70%iger Belastung und $\cos \varphi = 0{,}7$ wird

$$\Delta U = R \, b \, I_n \cos \varphi + \omega L \, b \, I_n \sin \varphi =$$
$$= (10{,}5 \cdot 0{,}7 \cdot 20 \cdot 0{,}7 + 15 \cdot 0{,}7 \cdot 20 \cdot 0{,}714) \, \mathrm{V} = 253 \, \mathrm{V}.$$

Vergleiche Band III.

4a Spannungsabfall eines Transformators

An einem Drehstromtransformator von $100 \, \mathrm{kVA}$ und $(20\,000/200) \, \mathrm{V}$ wurden gemessen

$U_k = 900 \, \mathrm{V}$, verkettete Kurzschlußspannung auf der Primärseite,

$R_1 = 28 \, \Omega$, Widerstand einer primären Phase,

$R_2 = 0{,}004 \, \Omega$, Widerstand einer sekundären Phase.

Wie groß wird der Spannungsabfall bei $\cos\varphi = 0,8$ und 70 %iger Belastung?

L ö s u n g : Bei der Durchrechnung ist alles auf eine Spannung umzurechnen, am besten auf die Primärseite. Es wird dann

$$\Delta U = 540\,\text{V}; \qquad \Delta U/U = 2,7\,\%.$$

§ 55 Leistungsfortleitung und Verteilung

§ 551 Einführung

Der Energietransport erfolgt durch Leitung oder Strahlung. Die Leitungen sind Freileitungen oder Kabelleitungen. Die grundlegende Theorie macht dabei keinen Unterschied zwischen Starkstrom- und Fernmeldeleitung. Die für die Anwendungen ausschlaggebenden Faktoren sind aber bei Starkstrom- und Fernmeldeleitungen verschiedene. Bei der mit konstanter Frequenz betriebenen Starkstromleitung kommt es wieder auf möglichst verlustarme Übertragung vergleichsweise großer Leistungen an und auf die Spannungsverhältnisse bei verschieden starker Belastung und veränderlichem Leistungsfaktor. Die Fernmeldeleitung ist dagegen im wesentlichen durch die Frequenzabhängigkeit ihrer Kenngrößen charakterisiert, wenn auch hier die Verluste in ihrer Auswirkung als Dämpfung eine bedeutende Rolle spielen.

Die *kurze* Leitung ist wie der Transformator durch eine Reihenschaltung von Ohmschem und induktivem Widerstand darstellbar. Ordnet man die Zeiger 1 und 2 beziehungsweise den Größen am Leitungsanfang (*Eingang*) und am Leitungsende (*Ausgang*) an, so gilt für die kurze Leitung

$$\mathfrak{U}_2 = \mathfrak{U}_1 + \mathfrak{J}\,(R + j\,\omega\,L).$$

Der Spannungsverlust auf der Leitung kann dann angenähert auch durch die Gleichung

$$\Delta\mathfrak{U} = I\,R\cos\varphi + I\,\omega\,L\sin\varphi$$

dargestellt werden.

Bei *längeren* Leitungen oder bei Kabelleitungen kann deren Kapazität nicht mehr vernachlässigt werden. Man kann sie dadurch berücksichtigen, daß man am Leitungsanfang und -ende je die halbe Kapazität konzentriert anordnet (siehe Ersatzschaltbild 1).

Bei *sehr langen* Leitungen muß aber die stetige Verteilung der Widerstände (Widerstandsbeläge) berücksichtigt werden. Das führt zu den sogenannten Telegraphengleichungen

$$\mathfrak{U} = \mathfrak{U}_2\,\mathfrak{Cof}\,\gamma\,x + \mathfrak{J}_2\,\mathfrak{Z}\,\mathfrak{Sin}\,\gamma\,x,$$

$$\mathfrak{J} = \mathfrak{J}_2\,\mathfrak{Cof}\,\gamma\,x + \frac{\mathfrak{U}_2}{\mathfrak{Z}}\,\mathfrak{Sin}\,\gamma\,x,$$

mit dem Übertragungsmaß

$$\gamma = \beta + j\,\alpha = \sqrt{(R + j\,\omega\,L)(G + j\,\omega\,C)}$$

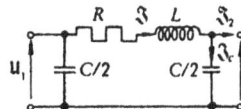

Bild 1 Ersatzschaltbild der Leitung

7*

und dem Wellenwiderstand

$$\mathfrak{Z} = \sqrt{\frac{R + j\,\omega\,L}{G + j\,\omega\,C}}.$$

Darin ist β das Dämpfungsmaß. α das Winkelmaß und R. L, G, C die Leitungs-beläge.

Untersucht man die Augenblickswerte, so zeigt sich, daß sich die Strom- und Spannungsverteilungen bei aufgedrückter sinusförmiger Spannung durch Überlagerung zweier räumlich sinusförmig verteilter Wellen darstellen lassen, die mit entgegengesetzt gleichen Geschwindigkeiten die Leitung entlanglaufen und gemäß β gedämpft werden. Die Wandergeschwindigkeit ist

$$v = \omega/\alpha = \lambda\,f.$$

Können die Verluste vernachlässigt werden, so ist

$$\gamma = j\,\omega\,\sqrt{LC},$$

$$\alpha = \omega\,\sqrt{LC}, \qquad \beta = 0 \quad \text{(keine Dämpfung!)},$$

$$\mathfrak{Z} = Z = \sqrt{L/C} \qquad \text{(reell!)},$$

$$v = \frac{1}{\sqrt{LC}}.$$

Fernmeldeleitungen sind stets als *lange* Leitungen zu behandeln. Sie können aber häufig mit Vorteil auch als Kettenleiter angesehen werden, auf die die Verfahren der Vierpoltheorie angewendet werden können.

Für das Dämpfungsmaß läßt sich bei gegen ωL und ωC kleine R und G noch der Ausdruck

$$\beta = \frac{R}{2Z} + \frac{G}{2}Z$$

ableiten.

Besondere Verhältnisse treten auf, wenn die Leitung mit einem Widerstand belastet wird, der dem Wellenwiderstand gleich ist. Man spricht dann bei der Fernmeldeleitung von *Anpassung*. Bei der Starkstromleitung wird die in diesem Falle übertragbare, für die Leitung charakteristische Leistung

$$N_n = U^2/Z$$

natürliche Leistung genannt.

Bei der Anpassung treten nur vorwärtslaufende Wellen auf; die Über-tragungsverhältnisse zeigen damit optimales Verhalten.

§ 552 Rechenbeispiele

1 Spannungsdiagramm für eine kurze Leitung mit Transformatoren

Zu der im Bild 1 gezeichneten Drehstrom-Übertragungsanlage ist das Span-nungsdiagramm für veränderliche Wirk- und Blindbelastung zu entwickeln.

Gegeben sind die Transformatordaten

Typenleistung $N_1 = 25\,000$ kVA; $N_2 = 10\,000$ kVA,

Kurzschlußspannung $u_{k1} = 9{,}06\,^0/_0$; $u_{k2} = 10{,}2\,^0/_0$,

Ohmscher Spannungsverlust $u_{r1} = 1\,^0/_0$; $u_{r2} = 2\,^0/_0$,

und die Kenngrößen der Übertragungsleitung

Widerstandsbelag

$$R'_L = 0{,}32\,\Omega\ \text{km},$$

Induktionsbelag

$$\omega L'_L = 0{,}4\,\Omega\ \text{km},$$

Leitungslänge

$$l = 10\ \text{km}.$$

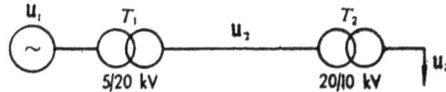

Bild 1 Schaltung der Übertragung

Die Verbraucherspannung U_3 soll konstant auf 10 kV gehalten werden.

Welche kapazitive Belastung ist zusätzlich anzubringen, damit bei einer Belastung von $N = 500$ kW und $\cos\varphi = 0{,}78$ die Spannung U_1 nicht größer als 5050 V gemacht werden muß?

L ö s u n g : Zunächst ist die Übertragung auf ein Ersatzschaltbild zurückzuführen, das aus der Serienschaltung eines Wirkwiderstandes R und Blindwiderstandes ωL besteht. R und ωL entstehen dabei durch Summation aller auf dieselbe Spannung reduzierter Teilwiderstände. Als Bezugsspannung wird vorteilhaft die Zentralenspannung 5 kV gewählt.

Es ergeben sich nunmehr die Teilwiderstände für den Transformator T_1 zu

$$R_1 = \frac{U_{r1}}{I_{n1}} = \frac{U_1\,u_{r1}}{\sqrt{3}}\frac{U_1\sqrt{3}}{N_1} = \frac{U_1^2\,u_{r1}}{N_1} = \frac{5^2\cdot 10^6\cdot 10^{-2}}{25\cdot 10^6}\frac{\text{V}^2}{\text{VA}} = 0{,}01\,\Omega,$$

$$\omega L_1 = R_1\frac{u_{s1}}{u_{r1}} = R_1\frac{\sqrt{u_{k1}^2 - u_{r1}^2}}{u_{r1}} = 0{,}01\frac{\sqrt{9{,}06^2 - 1}}{1}\,\Omega = 0{,}09\,\Omega$$

und für den Transformator T_2 zu

$$R_2 = \frac{U^2\,u_{r2}}{N_2} = \frac{5^2\cdot 10^6\cdot 2\cdot 10^{-2}}{10\cdot 10^6}\frac{\text{V}^2}{\text{VA}} = 0{,}05\,\Omega,$$

$$\omega L_2 = R_2\frac{\sqrt{u_{k2}^2 - u_{r2}^2}}{u_{r2}} = 0{,}05\frac{\sqrt{10{,}2^2 - 2^2}}{2}\,\Omega = 0{,}25\,\Omega.$$

Für die Leitung erhält man, bezogen auf 5 kV

$$R_L = \frac{R'_L\,l}{\ddot{u}^2} = \frac{0{,}32\cdot 10\ \Omega\ \text{km}}{4^2}\frac{}{\text{km}} = 0{,}2\,\Omega,$$

$$\omega L_L = \frac{\omega L'_L\,l}{\ddot{u}^2} = \frac{0{,}4\cdot 10\ \Omega\ \text{km}}{4^2}\frac{}{\text{km}} = 0{,}25\,\Omega.$$

Die Gesamtwiderstände sind also je Phase

$$R = R_1 + R_L + R_2 = (0{,}01 + 0{,}2 + 0{,}05)\,\Omega = 0{,}26\,\Omega,$$

$$\omega L = \omega L_1 + \omega L_L + \omega L_2 = (0{,}09 + 0{,}25 + 0{,}25)\,\Omega = 0{,}59\,\Omega.$$

Damit kann nun das Diagramm aus der Spannungsgleichung

$$\mathfrak{U}_1 = \mathfrak{U}_3 + \mathfrak{J}_3 \sqrt{3} \, (R + j \, \omega L)$$

gezeichnet werden.

Ist die Belastung reine Wirklast, so wird

$$\mathfrak{J}_3 = \frac{N}{U_3 \sqrt{3}}$$

und daher

$$\mathfrak{U}_1 = U_3 + \frac{N}{U_3} (R + j \, \omega L) = [5000 + p\,(5,2 + j\,11,8)] \text{ V},$$

wenn die Belastung noch als Vielfaches des Betrages 100 kVA, nämlich $N = p \cdot 100 \text{ kVA}$ eingeführt wird.

In gleicher Weise erhält man für rein induktive Blindleistung mit

$$\mathfrak{J}_3 = -j \frac{N}{U_3 \sqrt{3}}$$

$$\mathfrak{U}_1 = [5000 - j\,p\,(5,2 + j\,11,8)] \text{ V}.$$

Das Spannungsdiagramm kann jetzt gezeichnet werden. Ist der Punkt 0 im Bild 2 der Endpunkt des Vektors $U_3 = 5000$ V, so ist für p = 10 (also $N = 1000$ kVA) für reine Wirklast die Strecke $(52 + j\,118)$ V anzuschließen. Das gibt die Richtung der Geraden, auf der sich der Endpunkt von $\mathfrak{U}_1$ bei veränderlicher, reiner Wirkbelastung bewegt. In zehn Teile geteilt, ergeben sich die Punkte von 100 zu 100 kW.

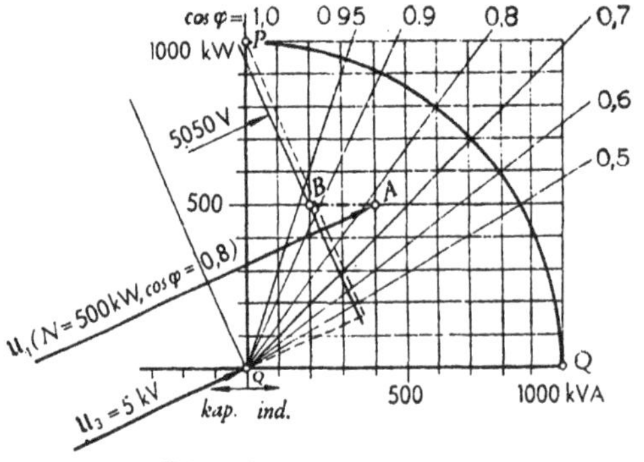

Für rein induktive Blindlast bleiben die absoluten Beträge der Abfälle die gleichen, die Strecke O P ist aber nach obiger Gleichung nach O Q um − 90° zu verdrehen. Man erhält so das im Bild gezeichnete Netzdiagramm, das die unmittelbare Ablesung der Eingangsspannung für eine beliebige Belastung ermöglicht. Vorteilhaft werden in das Diagramm auch noch die Geraden für konstanten Leistungsfaktor eingetragen.

Der Belastungspunkt A für 500 kW und $\cos \varphi = 0,78$ ist nun leicht eingetragen. Er läßt eine Eingangsspannung von 5073 V ablesen. Zeichnet man noch den Kreis für die höchst zulässige Spannung von 5050 V ein, so erkennt man, daß — bei der gleichen Wirkbelastung von 500 kW — eine zusätzliche, kapazitive Belastung von der Größe

$$A\,B = 200 \text{ kVA}$$

angeschlossen werden muß, damit $U_1 = 5050$ V nicht überschritten wird.

Vergleiche Band III.

Bild 2 Spannungsdiagramm

1 a Spannungsdiagramm eines Drehstromkabels bei konstanter Scheinlast

Ein Verbraucher mit der konstanten Scheinleistung von 5000 kVA wird über ein Drehstromkabel von einem Kraftwerk gespeist. Die Spannung soll mit $U_2 = 45\,\text{kV}$ konstant gehalten werden. Die Daten des Kabels sind

Länge	$l = 15\,\text{km}$,
Querschnitt	$F = 150\,\text{mm}^2$,
spez. Widerstand des Kupfers	$\varrho = 17{,}8\,\Omega\,\text{mm}^2/\text{km}$,
Induktiver Widerstandsbelag	$\omega L' = 0{,}14\,\Omega/\text{km}$,
Betriebskapazität	$C' = 0{,}25 \cdot 10^{-6}\,\text{F}/\text{km}$,
Frequenz	$f = 50\,\text{Hz}$.

Wie groß ist die Spannung U_1 im Kraftwerk, wenn der Leistungsfaktor des Verbrauchers 1 wird?

Bei welchem Leistungsfaktor wird U_1 ein Maximum?

Lösung: Man geht ähnlich vor, wie in der vorhergehenden Aufgabe. Zum ohmschen und induktiven Leitungswiderstand $1{,}78\,\Omega$ und $2{,}10\,\Omega$ tritt hier aber noch der Leitwert $\omega C = 1{,}18 \cdot 10^{-3}\,\text{S}$, der je zur Hälfte im Ersatzschaltbild an den beiden Leitungsenden angebracht wird. Die Spannungsgleichung lautet dann

$$\mathfrak{U}_1 = \mathfrak{U}_2 + \sqrt{3}\,(\mathfrak{J} + \mathfrak{J}_c)\,(R + j\,\omega L),$$

wobei

$$\mathfrak{J}_c = \frac{\mathfrak{U}_2}{\sqrt{3}}\,j\,\omega\,\frac{C}{2}.$$

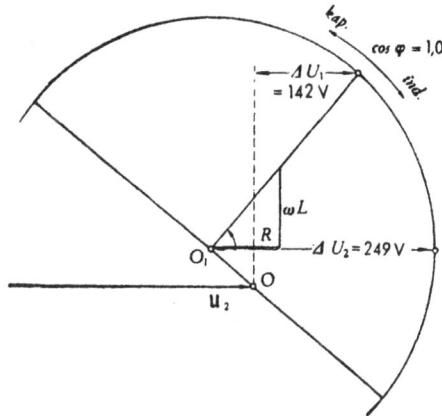

Bild 1 Spannungsdiagramm

Das Spannungsdiagramm kann jetzt so wie in der vorhergehenden Aufgabe gezeichnet werden, nur ist der Diagrammausgangspunkt O_1 gegenüber dem Endpunkt O des Spannungsvektors U_2 um $\mathfrak{J}_c\,(R + j\,\omega L)$ verschoben (siehe Bild 1). Das Diagramm liefert bei $\cos\varphi = 1$ eine Kraftwerkspannung $U_1 = 45\,141\,\text{V}$.

Das Spannungsmaximum tritt bei $\cos\varphi = 0{,}65$ ein; es beträgt $45\,249\,\text{V}$.

Vergleiche Band III.

2 Kenngrößen einer Fernsprechleitung

Eine Fernsprechleitung von $l = 200\,\text{km}$ Länge hat die Beläge

$R = 2\,\Omega/\text{km}$,	$L = 1{,}97\,\text{mH}/\text{km}$,
$G = 0{,}5 \cdot 10^{-6}\,\text{S}/\text{km}$,	$C = 0{,}005\,\mu\text{F}/\text{km}$.

Wie groß ist bei einer Frequenz von $f = 800\,\text{Hz}$ das Übertragungs-, Winkel-
und Dämpfungsmaß und der Eingangswiderstand der Leitung, wenn sie mit dem
Wellenwiderstand abgeschlossen ist?

Wie ist der Verlauf des Eingangswiderstandes bei Leerlauf und Kurzschluß
als Funktion der Leitungslänge (im Bereich $l = 0 \cdots 400\,\text{km}$), wenn die Verluste
vernachlässigt werden?

L ö s u n g : Vernachlässigt man R gegen ωL und G gegen ωC, so wird

$$\alpha = \omega\sqrt{LC} = 2\pi \cdot 800 \cdot \sqrt{1{,}97 \cdot 10^{-3} \cdot 5 \cdot 10^{-9}}\,\frac{\text{s}\sqrt{\Omega\,\text{S}}}{\text{s km}} = 1{,}57 \cdot 10^{-2}\,\text{km}^{-1}.$$

Das Dämpfungsmaß ergibt sich aus

$$\beta = \frac{R}{2Z} + \frac{G}{2}Z$$

nach Kenntnis des Wellenwiderstandes. Für diesen wird

$$\mathfrak{Z} = Z e^{j\zeta} = \sqrt{\frac{R + j\omega L}{G + j\omega C}} =$$

$$= \sqrt{\frac{2 + j \cdot 2 \cdot \pi \cdot 800 \cdot 1{,}97 \cdot 10^{-3}}{(0{,}5 + j \cdot 2 \cdot \pi \cdot 800 \cdot 5 \cdot 10^{-9})10^{-6}}}\,\Omega = \sqrt{\frac{2 + j\,9{,}9}{0{,}5 + j\,25{,}1}}\,10^3\,\Omega,$$

woraus

$$Z = \sqrt{\frac{\sqrt{4 + 98}}{\sqrt{0{,}25 + 630}}}\,10^3\,\Omega = 10^3\sqrt[4]{0{,}162}\,\Omega = 635\,\Omega$$

und

$$\zeta = \frac{1}{2}\left(\operatorname{arctg}\frac{\omega L}{R} - \operatorname{arctg}\frac{\omega C}{G}\right) = \frac{1}{2}(78{,}6^0 - 88{,}8^0) = -5{,}1^0.$$

Jetzt wird das Dämpfungsmaß

$$\beta = \left(\frac{2}{2 \cdot 635} + \frac{0{,}5 \cdot 10^{-6}}{2}\,635\right)\text{km}^{-1} =$$

$$= 1{,}73 \cdot 10^{-3}\,\text{km}^{-1}$$

und somit das Übertragungsmaß

$$\gamma = (0{,}173 + j\,1{,}57)\,10^{-2}\,\text{km}^{-1}.$$

Die genaue Ermittlung aus

$$\gamma = \sqrt{(R + j\omega L)(G + j\omega C)}$$

hätte ergeben

$$\gamma = (0{,}1735 + j\,1{,}584)\,10^{-2}\,\text{km}^{-1}.$$

Der Eingangswiderstand ist bei Anpassung gleich dem Wellenwiderstand.

Aus den Telegraphengleichungen wird
ferner der Leerlaufwiderstand

$$\mathfrak{W}_{10} = \mathfrak{Z}\operatorname{\mathfrak{C}tg}\gamma l$$

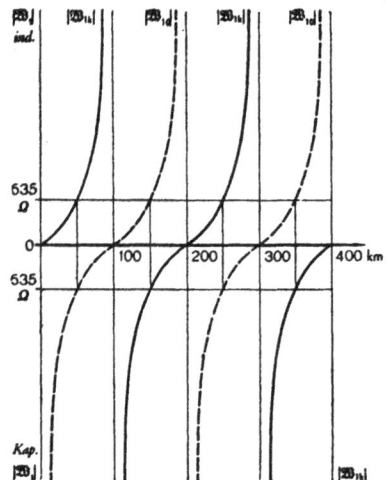

Bild 1 Widerstandsverlauf

und der Kurzschlußwiderstand

$$\mathfrak{W}_{1k} = \mathfrak{Z}\,\mathfrak{Tg}\,\gamma\,l.$$

Bei Vernachlässigung der Verluste wird mit $\gamma = j\,\alpha$

$$\mathfrak{W}_{10} = -j\,Z\,\mathrm{ctg}\,\alpha\,l = -j\,635\,\mathrm{ctg}\,(1{,}57\,l\,10^{-2})\,\Omega,$$

$$\mathfrak{W}_{1k} = j\,Z\,\mathrm{tg}\,\alpha\,l = j\,635\,\mathrm{tg}\,(1{,}57\,l\,10^{-2})\,\Omega,$$

wobei l in km einzusetzen ist. Die Abhängigkeit von der Leitungslänge im Bereich $l = 0 \cdots 400$ km zeigt das Bild 1.

Vergleiche Band III.

2a Fernsprechleitung und Ersatzvierpol

Eine 200 km lange Fernsprechleitung mit den Belägen

$$R = 5{,}3\,\Omega/\text{km}, \qquad L = 2\,\text{mH km},$$

$$G = 0{,}5\cdot 10^{-6}\,\text{S/km}, \quad C = 6\,\text{nF km}$$

wird mit 3 V bei 800 Hz gespeist.

Wie groß ist die Spannung am Ende der Leitung, wenn sie mit dem Wellenwiderstand abgeschlossen wird?

Wie groß ist der Wellenwiderstand?

Welcher Wert ergäbe sich für den Wellenwiderstand, wenn die Leitung durch einen symmetrischen Vierpol in T-Schaltung ersetzt werden würde, dessen beide Längswiderstände je durch $\left(\dfrac{R}{2} + \dfrac{j\,\omega\,L}{2}\right)\,l$ und dessen Querleitwert durch $(G - j\,\omega\,C)\,l$ bestimmt sind?

Lösung: Legt man $\mathfrak{U}_1 = U_1$ in die reelle Achse, dann wird

$$\mathfrak{U}_2 = U_1\,e^{-\gamma\,l} = U_1\,e^{-\beta\,l}\,e^{-j\,\alpha\,l} = 1{,}2\,e^{-j\,204^\circ}\,\text{V}.$$

Die Spannung ist also auf 1,2 V abgeklungen und eilt der Eingangsspannung um 204^0 nach.

Der Wellenwiderstand der Leitung errechnet sich zu

$$\mathfrak{Z} = 614\,e^{-j\,13{,}5^\circ}.$$

Hätte man in der angeführten Weise mit einem Ersatzvierpol gerechnet, dann hätte sich ergeben

$$\mathfrak{Z}_r = \sqrt{\frac{\mathfrak{Z}}{\mathfrak{Y}}}\,\sqrt{2 + \mathfrak{Y}\mathfrak{Z}} = \sqrt{\frac{R + j\,\omega\,L}{G + j\,\omega\,C}}\,\sqrt{1 + \frac{(R + j\,\omega\,L)(G + j\,\omega\,C)\,l^2}{4}}$$

$$= \mathfrak{Z}\sqrt{1 + \frac{\gamma^2\,l^2}{4}}.$$

Der Wellenwiderstand würde also um den Faktor

$$\sqrt{1 + \gamma^2\,l^2\,4} = \sqrt{1 - 2{,}975 + j\,1{,}64} = 1{,}6\,e^{j\,70{,}2^0}$$

falsch angegeben werden!

Vergleiche Band II: § 3226,1.

3 Spannungsdiagramm einer Drehstromleitung

Eine 500 km lange Drehstromleitung mit den Belägen

$$R = 0{,}035 \; \Omega/\mathrm{km}, \quad G = 0{,}1 \; \mu\mathrm{S}/\mathrm{km},$$
$$L = 1{,}21 \; \mathrm{mH}/\mathrm{km}, \quad C = 9{,}25 \; \mathrm{nF}/\mathrm{km} \qquad f = 50 \; \mathrm{Hz}$$

je Phase wird mit $I_2 = 0 \cdots 200 \, \mathrm{A}$ und $\cos \varphi_2 = 0{,}4$ ind. $\cdots 0{,}8$ kap. bei konstant zu haltender Verbraucherspannung $U_2 = 220 \, \mathrm{kV}$ belastet[*]).

Wie groß ist die Spannung am Leitungsanfang in Abhängigkeit von I_2 und $\cos \varphi_2$?

Wie groß ist der Wellenwiderstand?

Wie groß ist die natürliche Leistung der Leitung?

L ö s u n g : Die Größen $\mathfrak{Z}$ und γ sollen etwa graphisch ermittelt werden. Man erhält dann nach Bild 1 den Wellenwiderstand aus

$$\mathfrak{Z} = \sqrt{\frac{R + j \, \omega \, L}{G + j \, \omega \, C}} = \sqrt{\frac{0{,}035 + j \, 0{,}38}{0{,}1 + j \, 2{,}9}} \, 10^3 \, \Omega,$$

indem man den Vektor $0{,}035 + j\,0{,}38$ durch $0{,}1 + j\,2{,}9$ dividiert (die Zahlenwerte dividiert und die Richtungswinkel subtrahiert) und daraus die Wurzel zieht (aus dem Zahlenwert die Wurzel zieht und unter dem halben Richtungswinkel von $\mathfrak{Z}^2$ aufträgt). Man erhält dann

$$\mathfrak{Z} = (362 - j\,11) \, \Omega.$$

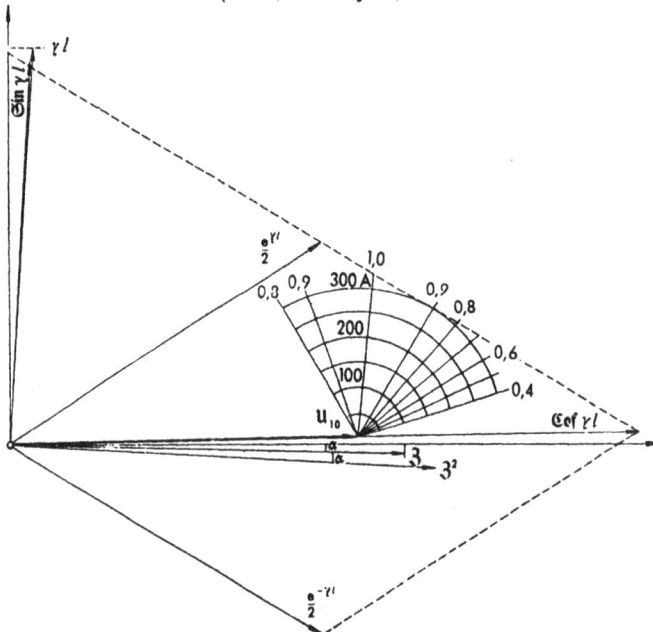

Bild 1 Spannungsdiagramm

---

[*]) U_2 ist jedoch die verkettete Spannung, ebenso U_1 am Leitungsanfang.

Ebenso wird für das Übertragungsmaß durch Ausführen der Multiplikation und nachherigem Wurzelziehen

$$\gamma = \sqrt{(0{,}035 + j\,0{,}38)\,(0{,}1 + j\,2{,}9)} \cdot 10^{-3}\,\frac{1}{\text{km}}$$

oder nach Abmessen der Komponenten

$$\gamma = (0{,}066 + j\,1{,}047)\,10^{-3}\,\text{km}^{-1}.$$

Daraus wird $\gamma\,l = 0{,}033 + j\,0{,}524$.

Nunmehr kann auch die Telegraphengleichung

$$\mathfrak{U}_1 = U_2\,\mathfrak{Cof}\,\gamma\,l + \mathfrak{I}_2\,3\sqrt{3}\,\mathfrak{Sin}\,\gamma\,l$$

in das Bild übertragen werden. Dazu können die Hyperbelfunktionen mit komplexem Argument entweder aus entsprechenden Tafelwerten entnommen oder in Funktionen mit reellen Argumenten nach

$$\mathfrak{Cof}\,(\beta + j\,\alpha) = \mathfrak{Cof}\,\beta\,\cos\alpha + j\,\mathfrak{Sin}\,\beta\,\sin\alpha,$$

$$\mathfrak{Sin}\,(\beta + j\,\alpha) = \mathfrak{Sin}\,\beta\,\cos\alpha + j\,\mathfrak{Cof}\,\beta\,\sin\alpha$$

entwickelt werden, oder sie werden schließlich aus

$$\mathfrak{Cof}\,\gamma\,l = \tfrac{1}{2}\,(e^{\gamma l} + e^{-\gamma l}) \quad \text{und} \quad \mathfrak{Sin}\,\gamma\,l = \tfrac{1}{2}\,(e^{\gamma l} - e^{-\gamma l})$$

dargestellt, wozu keine besonderen Tabellen erforderlich sind. Es wird hier

$$e^{\gamma l} = e^{\beta l}\,e^{j\alpha l} = e^{0{,}033}\,e^{j\,0{,}524\cdot180/\pi} = 1{,}0365\,e^{j\,30°},$$

$$e^{-\gamma l} = 0{,}967\,e^{-j\,30°}$$

und damit

$$\mathfrak{U}_1 = [220\,(0{,}517\,e^{j\,30°} + 0{,}484\,e^{-j\,30°}) +$$

$$+ \mathfrak{I}_2\,(0{,}362 - j\,0{,}011)\sqrt{3}\,(0{,}517\,e^{j\,30°} - 0{,}484\,e^{-j\,30°})]\,\text{kV}.$$

Im Bild findet man zunächst $\dfrac{e^{\gamma l}}{2}$ und $\dfrac{e^{-\gamma l}}{2}$ und ermittelt daraus $\mathfrak{Cof}\,\gamma\,l$ und $\mathfrak{Sin}\,\gamma\,l$. $U_2\,\mathfrak{Cof}\,\gamma\,l$ ist dann die Leerlaufspannung $\mathfrak{U}_{10}$. Ist ferner zunächst $\cos\varphi_2 = 0$, so ergibt $I_2\,3\sqrt{3}\,\mathfrak{Sin}\,\gamma\,l$ die Richtung und Größe der Spannungsabfälle für reine Wirklast. Für andere Leistungsfaktoren dreht sich der Vektor des Spannungsabfalles um den Leerlaufpunkt um den Winkel φ_2. Es entsteht dann das im Bild dargestellte fächerförmige Diagramm, in welches aber nicht die Geraden für konstante φ_2, sondern vorteilhafter für konstante Leistungsfaktoren $\cos\varphi_2$ eingetragen wurden.

Die natürliche Leistung der Leitung errechnet sich zu

$$N_n = \frac{U^2}{3Z} = \frac{U^2}{3}\sqrt{\frac{C}{L}} = \frac{220^2}{3}\sqrt{\frac{9{,}25\cdot10^9}{1{,}21\cdot10^3}}\,\text{MW} = 44{,}6\,\text{MW}.$$

Vergleiche Band II: § 114,5. § 143,2. Band III.

§ 56 Nichtsinusförmige Systeme

§ 561 Einführung

Bei nichtsinusförmigen Systemen läßt sich nach Fourier eine Reihenzerlegung vornehmen, die die vorliegende periodische Schwingung als Summe von Sinusschwingungen verschiedener Frequenz und Phasenlage darstellt. Es kann dann also der Ansatz

$$f(t) = B_0 + \sum_{n=1}^{\infty} (B_n \cos n \omega t + A_n \sin n \omega t)$$

gemacht werden, worin sich die Höchstwerte der Schwingungen der einzelnen Ordnungen n wie folgt bestimmen lassen:

$$B_n = \frac{2}{T} \int_0^T f(t) \cos n \omega t \, dt,$$

$$A_n = \frac{2}{T} \int_0^T f(t) \sin n \omega t \, dt,$$

$$B_0 = \frac{1}{T} \int_0^T f(t) \, dt.$$

Beschreibt die vorgelegte Funktion keine zeitliche, sondern eine räumliche Abhängigkeit, so ist T durch 2π zu ersetzen. Dabei kann das Integrationsintervall beliebig an geeignete Stelle verlegt werden, die Integration also auch beispielsweise von $-T/2$ bis $+T/2$ erstreckt werden. In dieser Form gilt dann etwa für die räumliche „Schwingung"

$$B_n = \frac{1}{\pi} \int_{-\pi}^{+\pi} f(x) \cos n x \, dx,$$

$$A_n = \frac{1}{\pi} \int_{-\pi}^{+\pi} f(x) \sin n x \, dx,$$

$$B_0 = \frac{1}{2\pi} \int_{-\pi}^{+\pi} f(x) \, dx.$$

Die graphische Aufzeichnung der Schwingungsamplituden aller Oberschwingungen liefert das *Frequenzspektrum*.

Der Effektivwert einer nichtsinusförmigen Schwingung ergibt sich aus

$$C = \sqrt{\sum_{n=1}^{\infty} C_n^2}.$$

Das Verhältnis

$$k = \frac{\sqrt{\sum\limits_{n=2}^{\infty} C_n^2}}{\sqrt{\sum\limits_{n=1}^{\infty} C_n^2}}$$

heißt Oberschwingungsgehalt (Klirrfaktor).

§ 562 Rechenbeispiele

1 Harmonische Zerlegung einer Rechteckskurve

Die im Bild 1 dargestellte, periodische Rechteckskurve ist in ihre Fourier-schen Teilschwingungen zu zerlegen.

Lösung: Die Funktion hat den Verlauf

$$f(x) = \begin{cases} +2A & \text{für} \quad 0 < x < 2\pi/3, \\ -A & \text{für} \quad 2\pi/3 < x < 2\pi. \end{cases}$$

Da die positiven und negativen Flächen der Funktion gleich groß sind, ist zunächst $B_0 = 0$. Es wird ferner

$$B_n = \frac{2A}{\pi} \int\limits_0^{\frac{2\pi}{3}} \cos n\,x\,\mathrm{d}x - \frac{A}{\pi} \int\limits_{\frac{2\pi}{3}}^{2\pi} \cos n\,x\,\mathrm{d}x =$$

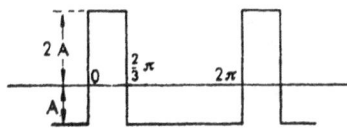

Bild 1 Verlauf der Funktion

$$= \frac{A}{\pi}\left(\frac{2}{n}\sin n\,x\Big|_0^{\frac{2\pi}{3}} - \frac{1}{n}\sin n\,x\Big|_{\frac{2\pi}{3}}^{2\pi}\right) = \frac{3A}{n\pi}\sin\frac{2\pi}{3}n$$

und

$$A_n = \frac{2A}{\pi} \int\limits_0^{\frac{2\pi}{3}} \sin n\,x\,\mathrm{d}x - \frac{A}{\pi} \int\limits_{\frac{2\pi}{3}}^{2\pi} \sin n\,x\,\mathrm{d}x =$$

$$= \frac{A}{\pi}\left(\frac{2}{n}\cos n\,x\Big|_{\frac{2\pi}{3}}^{0} + \frac{1}{n}\cos n\,x\Big|_{\frac{2\pi}{3}}^{2\pi}\right) = \frac{3A}{n\pi}\left(1 - \cos\frac{2\pi}{3}n\right).$$

Die Zerlegung lautet also

$$f(x) = \sum\limits_{n=1}^{\infty} \frac{3A}{n\pi}\left[\sin\frac{2\pi}{3}n\cos n\,x + \left(1 - \cos\frac{2\pi}{3}n\right)\sin n\,x\right].$$

Im vorliegenden Fall scheint es vorteilhaft zu sein, die Entwicklung in der Form

$$f(x) = \sum_{n=1}^{\infty} C_n \sin(nx + \varphi_n)$$

anzusetzen, worin

$$C_n = \sqrt{A_n^2 + B_n^2} = \frac{3A}{n\pi}\sqrt{(1 - \cos\frac{2\pi}{3}n)^2 + \sin^2\frac{2\pi}{3}n}$$

$$= \frac{3A}{n\pi}\sqrt{2(1 - \cos\frac{2\pi}{3}n)} = \frac{6A}{n\pi}\sin\frac{\pi}{3}n$$

und

$$\operatorname{tg}\varphi_n = \frac{B_n}{A_n} = \frac{\sin\frac{2\pi}{3}n}{1 - \cos\frac{2\pi}{3}n} = \operatorname{ctg}\frac{\pi}{3}n = \operatorname{tg}\left(\frac{\pi}{2} - \frac{\pi}{3}n\right),$$

also

$$\varphi_n = \frac{\pi}{2} - \frac{\pi}{3}n$$

und somit

$$f(x) = \sum_{n=1}^{\infty}\frac{6A}{n\pi}\sin\frac{n\pi}{3}\sin\left(nx + \frac{\pi}{2} - \frac{n\pi}{3}\right) = \sum_{n=1}^{\infty}\frac{6A}{n\pi}\sin\frac{n\pi}{3}\cos\left(nx - \frac{n\pi}{3}\right).$$

Für $n = 3$ und Vielfache hiervon wird $\sin\frac{n\pi}{3} = 0$, in allen übrigen Fällen ist

$$\left|\sin\frac{n\pi}{3}\right| = \frac{1}{2}\sqrt{3},$$

so daß schließlich gesetzt werden kann

$$f(x) = \frac{3A\sqrt{3}}{\pi}\left[\cos\left(x - \frac{\pi}{3}\right) + \frac{1}{2}\cos\left(2x - \frac{2\pi}{3}\right) - \frac{1}{4}\cos\left(4x + \frac{2\pi}{3}\right)\right.$$

$$\left. - \frac{1}{5}\cos\left(5x + \frac{\pi}{3}\right) + \frac{1}{7}\cos\left(7x - \frac{\pi}{3}\right) + \cdots\right].$$

In der Darstellung mit den Sinus- und Cosinusgliedern hätte sich ergeben

$$f(x) = \sum_{n=1}^{\infty}\frac{3A}{n\pi}\left(2\sin^2\frac{n\pi}{3}\sin nx + \sin\frac{2\pi n}{3}\cos nx\right)$$

$$= \frac{4{,}5A}{\pi}\left(\sin x + \frac{1}{2}\sin 2x + \frac{1}{4}\sin 4x + \frac{1}{5}\sin 5x + \frac{1}{7}\sin 7x + \cdots\right) +$$

$$+ \frac{1{,}5A\sqrt{3}}{\pi}\left(\cos x - \frac{1}{2}\cos 2x + \frac{1}{4}\cos 4x - \frac{1}{5}\cos 5x + \frac{1}{7}\cos 7x\cdots\right).$$

Vergleiche Band II: § 2,4.

1a Harmonische Zerlegung einer periodischen e-Funktion

Es sind die Oberschwingungen der Funktion

$$f(x) = A \, e^{-a x}$$

zu suchen, wenn sich die Funktion nach 2π immer wiederholt.

Lösung: Es wird

$$f(x) = \frac{A}{\pi}(1 - e^{-2\pi a})\left(\frac{1}{2a} + \sum_{n=1}^{\infty} \frac{a}{a^2 + n^2}\cos n x + \sum_{n=1}^{\infty} \frac{n}{a^2 + n^2}\sin n x\right)$$

oder

$$f(x) + \frac{A}{\pi}(1 - e^{-2\pi a})\left|\frac{1}{2a} + \sum_{n=1}^{\infty} \frac{1}{\sqrt{a^2 + n^2}}\sin\left(n x + \operatorname{arctg}\frac{a}{n}\right)\right].$$

2 Drehstromgenerator mit nicht sinusförmiger Spannung (Dreieckschaltung)

Ein im Dreieck geschalteter Drehstromgenerator erzeugt in jeder Phase eine Spannung von der Form

$$u = (500 \sqrt{2} \sin \omega t + 20 \sin 3\,\omega t)\,\text{V}.$$

Wie groß ist der Effektivwert der Netzspannung und ihr Oberwellengehalt? Wie groß ist der Strom in den Wicklungen bei unbelasteter Maschine, wenn deren Phasenwiderstände $R = 1\,\Omega$ und $\omega L = \frac{1}{3}\,\Omega$ sind?

Welche Phasenverschiebung besteht zwischen dem Leerlaufstrom und der ihn erzeugenden Spannung?

Lösung: Der Effektivwert der Spannung ist

$$U = \sqrt{500^2 + (20/\sqrt{2})^2}\;\text{V} = \sqrt{250\,200}\;\text{V} = 500{,}2\;\text{V}.$$

Der Oberwellengehalt wird

$$k = \frac{20 \cdot 100}{\sqrt{2} \cdot 500{,}2}\,{}^0/_0 = 2{,}8\,{}^0/_0.$$

Der Strom in der leerlaufenden Maschine ist durch die Summe der Phasenspannungen als treibende Spannung bestimmt. Diese wird aus

$$u_R = [500 \sqrt{2} \sin \omega t + 20 \sin 3\,\omega t]\,\text{V},$$

$$u_S = [500 \sqrt{2} \sin (\omega t + 120^0) + 20 \sin 3\,(\omega t - 120^0)]\,\text{V},$$

$$u_T = [500 \sqrt{2} \sin (\omega t - 120^0) + 20 \sin 3\,(\omega t + 120^0)]\,\text{V}$$

zu

$$u = u_R + u_S + u_T = 60 \sin (3\,\omega t)\,\text{V}.$$

(Die Grundschwingungen ergänzen sich zu Null, die dritten Oberschwingungen addieren sich algebraisch.)

Der Wicklungswiderstand ist

$$\underline{3} = 3\,(R + j\,3\,\omega\,L)\,\Omega = (3 + j\,3)\,\Omega\,; \quad |\underline{3}| = \sqrt{18} = 3\,\sqrt{2}\,\Omega.$$

Demnach wird der Strom

$$I = I_3 = \frac{60}{\sqrt{2} \cdot 3\,\sqrt{2}}\frac{V}{\Omega} = 10\ A.$$

Der Phasenwinkel errechnet sich aus

$$\operatorname{tg}\varphi_3 = 3\,\omega\,L\,R = 1 \qquad \text{zu} \qquad \varphi_3 = 45^0.$$

Vergleiche Band I: § 423,3.

2a Drehstromgenerator mit nicht-sinusförmiger Spannung (Sternschaltung)

Die Sternspannung eines Drehstromgenerators hat die Form

$$u = U_1 \sin \omega\,t + U_3 \sin 3\,\omega\,t + U_5 \sin 5\,\omega\,t + U_7 \sin 7\,\omega\,t + U_9 \sin 9\,\omega\,t.$$

Wie lautet die Fouriersche Reihe für die verkettete Spannung?

L ö s u n g : Durch Ansetzen der Augenblickswerte wie in der vorhergehenden Aufgabe und Bildung der Differenz zwischen zwei Phasenspannungen ergibt sich

$$u = U_1\,\sqrt{3}\cos(\omega\,t - 60^0) - U_5\,\sqrt{3}\cos(5\,\omega\,t + 60^0) + U_7\,\sqrt{3}\cos(7\,\omega\,t - 60^0).$$

2b Spannungsoberschwingungen beim Löschtransformator

Die sekundären Phasenspannungen eines Drehstromtransformators enthalten neben der Grundschwingung Oberschwingungen 3., 5., 7. und 9. Ordnung.

Welche Oberschwingungen enthält die Sekundärspannung, wenn die Sekundärwicklung in offenem Dreieck geschaltet wird (Löschtransformator)?

L ö s u n g : Es ergibt sich auf dem gleichen Weg wie im vorhergehenden Beispiel, daß sich die Spannungen der Grundschwingung und der Oberschwingungen 5. und 7. Ordnung aufheben, jene der 3. und 9. Ordnung addieren.

$$u = 3\,U_3 \sin 3\,\omega\,t + 3\,U_9 \sin 9\,\omega\,t.$$

3 Leistung im nicht-sinusförmigen System

Eine Einphasen-Wechselspannung hat die Form

$$u = (80\,\sqrt{2}\,\sin \omega\,t + 60\,\sqrt{2}\,\sin 3\,\omega\,t)\ V.$$

Wie groß ist die Wirkleistung, wenn die Spannung auf die Reihenschaltung der Widerstände $R = 4\,\Omega$ und $\omega\,L = 3\,\Omega$ geschaltet wird?

L ö s u n g : Die Widerstände sind für das System

1. Ordnung

$$Z_1 = \sqrt{4^2 + 3^2}\,\Omega = 5\,\Omega,$$

3. Ordnung $\qquad Z_3 = \sqrt{4^2 + 9^2}\,\Omega = \sqrt{97}\,\Omega$

und demnach die Ströme

$$I_1 = \frac{80}{5}\,A = 16\,A\,,$$

$$I_3 = \frac{60}{\sqrt{97}}\,A\,.$$

Damit wird die Leistung

$$N_w = U_1\,I_1\,\cos\varphi_1 + U_3\,I_3\,\cos\varphi_3 = \left(80 \cdot 16 \cdot \frac{4}{5} + 60\,\frac{60}{\sqrt{97}}\,\frac{4}{\sqrt{97}}\right) W = 1172{,}5\,\text{W}.$$

Vergleiche Band I: § 423,3.

§ 57 Resonanz

§ 571 Einführung

Es werden unterschieden *Spannungsresonanz* bei der Reihenschaltung und *Stromresonanz* bei der Parallelschaltung von Wechselstromwiderständen. Als Kriterium für das Vorhandensein von Resonanz ist die Phasengleichheit von Strom und Spannung anzusehen. Das gibt für beide Resonanzfälle die Bedingungsgleichung

$$\omega L = \frac{1}{\omega C}\,,$$

die entweder bei veränderlicher Frequenz bei der „Resonanzfrequenz"

$$\omega_0 = \frac{1}{\sqrt{LC}}$$

oder bei veränderlicher Induktivität oder Kapazität durch Gleichwerden der beiden Blindwiderstände erreicht werden kann. Denkt man sich die verlustlosen Widerstände ohne Spannungsquelle unter sich kurzgeschlossen, dann nennt man die Resonanzfrequenz auch *Eigenfrequenz* des Schwingungskreises, da er mit dieser Frequenz in diesem Falle ohne äußere Beeinflussung weiterschwingen würde.

Für die Stromresonanz läßt sich noch eine zweite Resonanzbedingung ableiten, bei der das gegenseitige Verhältnis der Widerstände eine maßgebende Rolle spielt. Auch diese ergibt sich aus dem Ansatz der Phasengleichheit zwischen Strom und Spannung.

§ 572 Rechenbeispiele
(Siehe auch Aufgabe 522—4 und 522—6)

1 Reihenschwingkreis, Spannungsresonanz

Ein Reihenschwingkreis mit

$$L = 0{,}22\,\text{H}\,; \quad C = 0{,}72\,\mu F\,; \quad R = 270\,\Omega \text{ wahlweise } 540\,\Omega$$

liegt an der konstanten Spannung von $U = 100\,\text{V}$.

Wie groß ist die Frequenzabhängigkeit des Stromes und der Spannungen an der Spule und am Kondensator und der Phasenverschiebung zwischen Strom und Spannung U?

Welches ist die Resonanzfrequenz und bei welcher Frequenz liegt an der Spule und am Kondensator die maximale Spannung?

L ö s u n g : Die Resonanzfrequenz ergibt sich zu

$$f_0 = \frac{1}{2\pi\sqrt{LC}} = \frac{10^3}{2\pi\sqrt{0{,}22\cdot 0{,}72}}\frac{1}{s} = 400\ \text{Hz}.$$

Für den Ström erhält man die Gleichung

$$\mathfrak{J} = \frac{U}{R + j\,\omega L + \dfrac{1}{j\,\omega C}} = \frac{100}{270 + j\left(1{,}38\,f - \dfrac{221\cdot 10^5}{f}\right)}\ \text{A},$$

die mit f in Hz als Parameter einen Kreis durch den Ursprung beschreibt. Zeichnet man zunächst im Bild 1 das Spiegelbild zur Nennergeraden,

$$\mathfrak{G}^* = 270 - j\,\overline{B},$$

so erhält man eine Gerade parallel zur imaginären Achse. Ihre Bezifferung nach f gewinnt man am besten aus einer graphischen Darstellung von

$$\overline{B} = 1{,}38\,f - 221\cdot 10^3/f,$$

die man vorteilhaft in der gezeichneten Weise gleich an $\mathfrak{G}^*$ anschließt. Dabei ist $\overline{B}$ für $f = f_0$ gleich Null. Die anderen Skalenpunkte ergeben sich, wie strichliert angedeutet, durch Herüberloten der Kurvenpunkte.

Nunmehr ergibt sich der Kreismittelpunkt auf der reellen Achse im Abstand

$$O\,M = \frac{100}{2\cdot 270}\ \text{A} = 0{,}185\ \text{A},$$

und es kann der Kreis gezeichnet und beziffert werden.

Für $R = 540\ \Omega$ ist der Kreis halb so groß.

Die Spannung am Kondensator wird

$$\mathfrak{U}_c = \mathfrak{J}\,\frac{1}{j\,\omega C} = \frac{U}{1 + j\,R\,\omega C - \omega^2 LC} = \frac{100}{1 + j\,1{,}22\cdot 10^{-3}\,f - 6{,}25\cdot 10^{-6}\,f^2}\ \text{V}.$$

Als Ortskurve ist $\mathfrak{U}_c$ die Inverse zur Parabel

$$Z = 1 + j\,1{,}22\cdot 10^{-3}\,f - 6{,}25\cdot 10^{-6}\,f^2,$$

die im Bild ebenfalls eingetragen ist. Das Maximum für U_C erhält man aus

$$U_c = \frac{U}{\sqrt{(1 - \omega^2 LC)^2 + R^2\,\omega^2 C^2}}$$

durch Differenzieren nach ω und Nullsetzen, wobei sich alles gegen Null kürzt bis auf den Differentialquotienten des Ausdruckes unter dem Wurzelzeichen. Aus

$$-4\,\omega LC(1 - \omega^2 LC) + 2\,\omega R^2 C^2 = 0,$$
$$R^2 C - 2L + 2\,\omega^2 L^2 C = 0$$

erhält man

$$f_C = \frac{1}{2\pi} \sqrt{\frac{1}{LC} - \frac{R^2}{2L^2}},$$

also $\quad f_{C\,270} = 376\ \text{Hz};\quad f_{C\,540} = 290\ \text{Hz};\quad$ dazu $\quad U_{C\,max} = 212\ \text{V}.$

Für $\omega = 0$ und $\omega = \infty$ erhält man Minima von U_C.

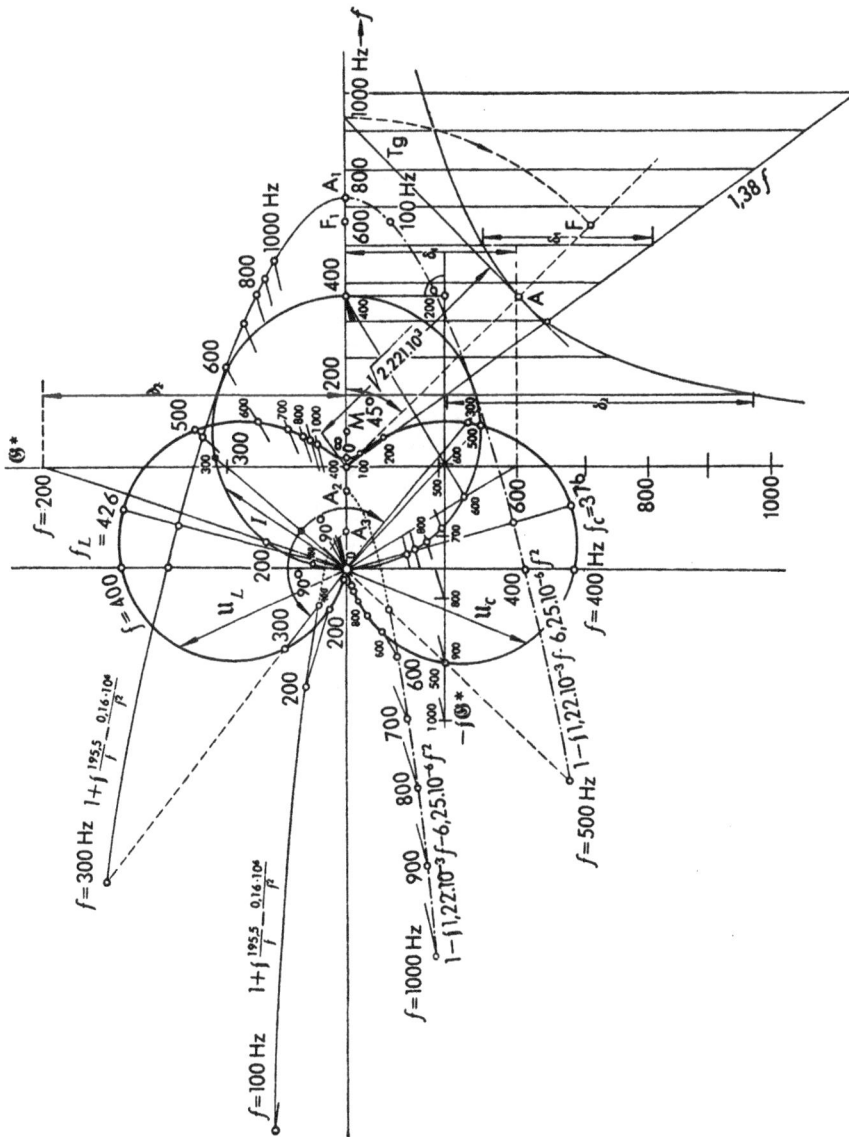

Bild 1 Ortskurven für Strom und Spannung

In gleicher Weise findet man für die Spannung an der Spule

$$\mathfrak{U}_L = \mathfrak{J}\, j\, \omega\, L = \cfrac{U}{1 - j\,\cfrac{R}{\omega L} - \cfrac{1}{\omega^2 L C}} = \cfrac{100}{1 - j\,\cfrac{195{,}5}{f} - \cfrac{0{,}16 \cdot 10^6}{f^2}}.$$

Es ist jetzt die Kurve

$$1 - j\, 195{,}5\,/f - 0{,}16 \cdot 10^6\,/f^2$$

zu invertieren.

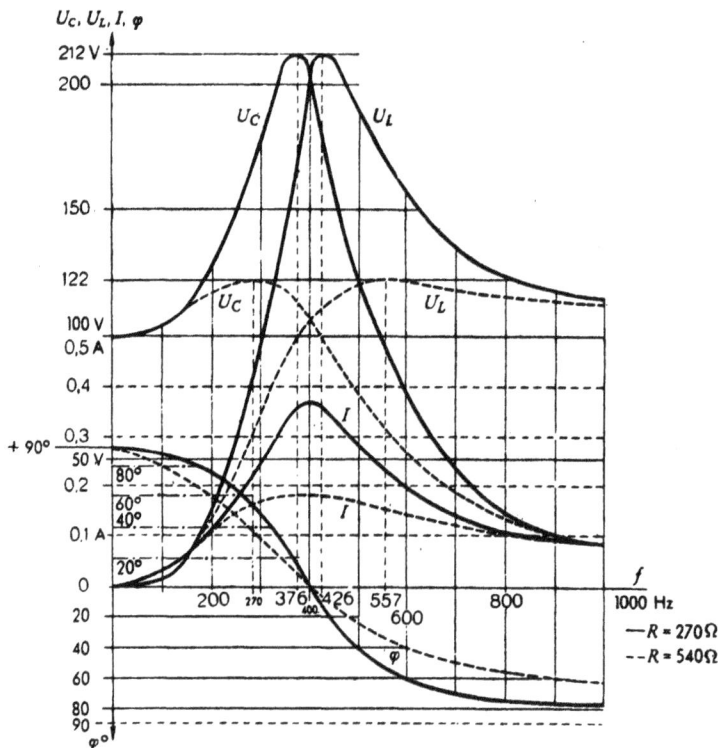

Bild 2 Frequenzgang von Strom und Spannungen

Das Maximum für U_L ergibt sich aus

$$U_L = -\cfrac{U}{\sqrt{\left(1 - \cfrac{1}{\omega^2 L C}\right)^2 + \left(\cfrac{R}{\omega L}\right)^2}}.$$

Es wird

$$f_L = \frac{1}{2\pi}\sqrt{\frac{2}{2LC - R^2 C^2}},$$

also $\quad f_{L\,270} = 425$ Hz; $\quad f_{L\,540} = 557$ Hz; $\quad$ dazu $\quad U_{L\,max} = 212$ V.

Die Höchstwerte für die Spannungen an der Spule und am Kondensator liegen also bei Frequenzen etwas über und unterhalb der Resonanzfrequenz. Das Bild 2 zeigt die Größen in kartesischer Darstellung.

Vergleiche Band I: § 42345,2. Band II: § 2,2.

2 Parallelschwingkreis, Stromresonanz

Die Blindwiderstände der vorhergehenden Aufgabe sollen parallel geschaltet und in jedem Zweig der halbe Wirkwiderstand, also

$$R_L = R_c = R/2 = 135 \, \Omega, \quad \text{wahlweise} \quad 270 \, \Omega$$

liegen.

Wie ist die Abhängigkeit des Gesamtstromes, der beiden Teilströme und der Phasenverschiebung zwischen Gesamtstrom und Spannung von der Frequenz?

Lösung: Die beiden Teilströme sind

$$\mathfrak{J}_L = \frac{U}{\dfrac{R}{2} + \mathrm{j}\,\omega L} = \frac{100}{135 + \mathrm{j}\,1{,}38\,f}\,\mathrm{A}$$

und

$$\mathfrak{J}_C = \frac{U}{\dfrac{R}{2} + \dfrac{1}{\mathrm{j}\,\omega C}} = \frac{100}{135 - \mathrm{j}\,221 \cdot 10^3\,\dfrac{1}{f}}\,\mathrm{A},$$

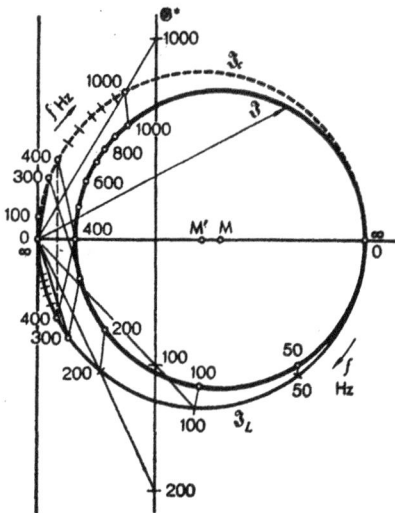

Bild 1 Ortskurven der Ströme

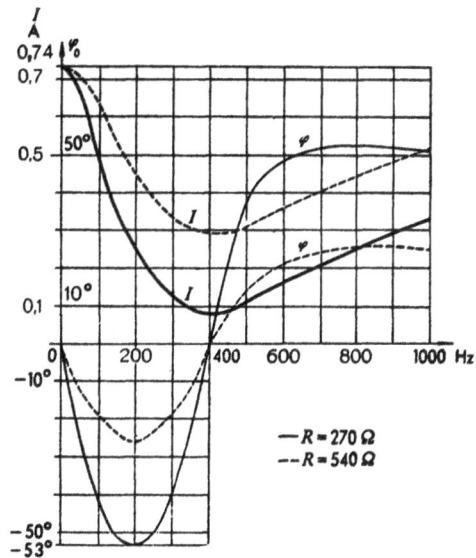

Bild 2 Frequenzgang von Strom
und Leistungsfaktor

dargestellt durch zwei gleich große Kreise durch den Ursprung (Bild 1). Ihre Summe*) gibt den Gesamtstrom $\mathfrak{J}$, der bei der Resonanzfrequenz $f_0 = 400$ Hz in Phase zur Spannung liegt.

In rechtwinkeligen Koordinaten ergeben sich dann durch Abgreifen aus dem Ortskurvenbild die Kurven nach Bild 2.

3 Ermittlung von Induktivität und Kapazität eines Resonanzkreises aus Strom- und Spannungsmessungen

Eine Spule mit der Zeitkonstanten $\tau = 10^{-2}$ s ist mit einem Kondensator in Reihe geschaltet. Wie groß ist die Resonanzfrequenz, wenn im Resonanzfall am Kondensator die $n = 44$ fache Netzspannung auftritt?

Wie groß sind die Induktivität und die Kapazität, wenn die Spule bei alleinigem Anschluß an $U = 220$ V bei Resonanzfrequenz $I = 2,5$ A aufnehmen würde?

L ö s u n g : Im Falle der Resonanz fließt ein Strom

$$\mathfrak{J}_0 = U/R.$$

Daher ist die Spannung am Kondensator

$$\mathfrak{u}_C = \mathfrak{J}_0 \frac{1}{j\,\omega_0\,C} = \frac{U}{j\,R\,\omega_0\,C}.$$

Sie soll das n-fache der Netzspannung betragen; also ist

$$U_C = \frac{U}{\omega_0\,R\,C} = n\,U,$$

und mit

$$\omega_0^2 = \frac{1}{L\,C},$$

$$n = \frac{1}{\omega_0\,R\,C} = \frac{\omega_0\,L}{R} = \omega_0\,\tau.$$

da ja $L/R = \tau$ ist.

Es ist also die Resonanzfrequenz

$$f_0 = \frac{1}{2\pi}\frac{n}{\tau} = \frac{44}{2\pi \cdot 10^{-2}}\frac{1}{s} = 700 \text{ Hz}.$$

Nunmehr wird aus der letzten Messung

$$z = \sqrt{R^2 + \omega_0^2\,L^2} = \frac{U}{I} = \sqrt{\frac{L^2}{\tau^2} + \frac{n^2\,L^2}{\tau^2}} = \frac{L}{\tau}\sqrt{1 + n^2},$$

also

$$L = \frac{U\,\tau}{I\,\sqrt{1 + n^2}} = \frac{220 \cdot 10^{-2}}{2,5 \cdot 44}\,\Omega\,s = 20 \text{ mH}$$

---

*) Es läßt sich nachweisen, daß dies einen Kreis allgemeiner Lage ergibt, dessen Mittelpunkt auf der reellen Achse liegt.

und

$$C = \frac{1}{\omega_0^2 L} = \frac{\tau^2}{n^2 L} = \frac{10^{-4}}{44^2 \cdot 20 \cdot 10^{-3}} \mu F = 2.58 \,\mu F.$$

§ 58 Erdschlußprobleme

§ 581 Einführung

Tritt in einer symmetrischen Drehstromleitung mit der Kapazität C je Phase gegen Erde ein Erdschluß über den Widerstand R in der Phase R ein, so fließt über die Fehlerstelle ein Strom

$$\mathfrak{J}_E = \mathfrak{U}_R \frac{j\,3\,\omega\,C}{1 + R\,j\,3\,\omega\,C}$$

zur Erde. Dabei verschiebt sich das ganze System um die Nullspannung

$$\mathfrak{U}_0 = \mathfrak{U}_R \frac{1}{1 + R\,j\,3\,\omega\,C}.$$

Ist das Netz nicht symmetrisch, so wird

$$\mathfrak{J}_E = (1 - \mathfrak{u})\,\mathfrak{U}_R \frac{\Sigma\,j\,\omega\,C}{1 + R\,\Sigma\,j\,\omega\,C}$$

und

$$\mathfrak{U}_0 = \mathfrak{U}_R \frac{1 + \mathfrak{u}\,R\,\Sigma\,j\,\omega\,C}{1 + R\,\Sigma\,j\,\omega\,C},$$

wobei

$$\mathfrak{u} = \frac{\Sigma\,\mathfrak{U}\,j\,\omega\,C}{\mathfrak{U}_R\,\Sigma\,j\,\omega\,C}$$

den Unsymmetriegrad bedeutet und die Summen über die drei Phasen zu bilden sind.

Zur Vermeidung der Folgen von Erdschlüssen werden *Erdschlußlöscheinrichtungen* angeordnet, die dem kapazitiven Erdschlußstrom an der Erdschlußstelle einen induktiven Nullstrom (Löschstrom) überlagern. Alle Löscheinrichtungen lassen sich grundsätzlich auf die zwischen Netzsternpunkt und Erde (also im Nullstromkreis) geschaltete Erdschlußspule zurückführen. Ist deren Induktivität L_N so ausgelegt, daß

$$\omega\,L_N = 1 \quad \Sigma\,\omega\,C$$

(Stromresonanz im Nullstromkreis), dann heben sich Erdschluß- und Löschstrom an der Erdschlußstelle auf, und es wird der Fehlerstrom zur Löschspule *abgesaugt*.

Besteht keine volle Resonanzabstimmung, so definiert man das Verhältnis der Differenz zwischen Erdschlußstrom I_C und Löschstrom I_L $(I_C = I_L - Rest-strom)$ zum Erdschlußstrom als die *Verstimmung* v der Löscheinrichtung, also

$$v = \frac{I_C - I_L}{I_C} = \frac{\Sigma\,j\,\omega\,C + \dfrac{1}{j\,\omega\,L_N}}{\Sigma\,j\,\omega\,C}.$$

Berücksichtigt man noch die Verluste der Leitung und der Löscheinrichtung durch einen zur Löschinduktivität parallel geschalteten Widerstand R_N, so wird dann der Reststrom

$$\mathfrak{J}_E = \mathfrak{u}_R \frac{1 + (v - \mathfrak{u})\, R_N \Sigma\, \mathrm{j}\, \omega\, C}{R + R_N + v\, R\, R_N \Sigma\, \mathrm{j}\, \omega\, C}$$

und die Spannungsverlagerung

$$\mathfrak{u}_N = \mathfrak{u}_R \frac{R_N(1 + \mathfrak{u}\, R\, \Sigma\, \mathrm{j}\, \omega\, C)}{R + R_N + v\, R\, R_N \Sigma\, \mathrm{j}\, \omega\, C}.$$

Eine solche ist schon im gesunden Zustand des Netzes in der Höhe von

$$\mathfrak{u}_0 = \mathfrak{u}_R \frac{\mathfrak{u}\, R_N \Sigma\, \mathrm{j}\, \omega\, C}{1 + v\, R_N \Sigma\, \mathrm{j}\, \omega\, C}$$

vorhanden.

Im Falle von Erdschlüssen treten Nullströme auf, die die Umgebung und andere Systeme beeinflussen können. Man berechnet diese Beeinflussungen am besten durch Zerlegung in symmetrische Komponenten und vorwiegende Behandlung des Nullsystems.

§ 582 Rechenbeispiele

1 Erdschluß in einem symmetrischen Zweiphasennetz

In einem verketteten Zweiphasennetz mit den Phasenspannungen

$$U_1 = U_2 = 10\,\mathrm{kV}$$

haben alle drei Leiter die gleiche Kapazität $C = 0,8\,\mu\mathrm{F}$ gegen Erde. Die Frequenz beträgt $f = 50\,\mathrm{Hz}$.

Wie groß ist der Erdschlußstrom, wenn ein Außenleiter und wenn der Nulleiter über einen Widerstand R geerdet wird?

Wie verlagert sich der Systemmittelpunkt?

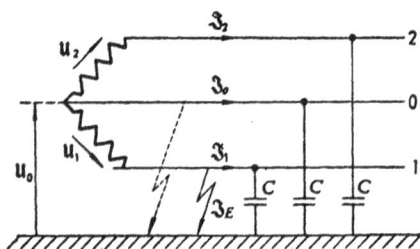

Bild 1 Schaltbild des Netzes bei Erdschluß

Lösung: Aus Bild 1 kann unmittelbar abgelesen werden

$$\mathfrak{J}_1 = (\mathfrak{u}_0 + \mathfrak{u}_1)\, \mathrm{j}\, \omega\, C,$$
$$\mathfrak{J}_2 = (\mathfrak{u}_0 + \mathfrak{u}_2)\, \mathrm{j}\, \omega\, C,$$
$$\mathfrak{J}_0 = \mathfrak{u}_0\, \mathrm{j}\, \omega\, C,$$

also

$$-\mathfrak{J}_E = \mathfrak{J}_1 + \mathfrak{J}_2 + \mathfrak{J}_0 -$$
$$= 3\,\mathfrak{u}_0\, \mathrm{j}\, \omega\, C + \mathfrak{u}_1\, (1 - \mathrm{j})\, \mathrm{j}\, \omega\, C,$$

da ja

$$\mathfrak{u}_2 = -\mathrm{j}\, \mathfrak{u}_1.$$

Liegt nun der Erdschluß im Außenleiter, so wird

$$\mathfrak{u}_0 + \mathfrak{u}_1 - \mathfrak{J}_E R = 0;$$

liegt er am Nulleiter, so ist

$$\mathfrak{U}_0 - \mathfrak{J}_E R = 0.$$

Damit wird der Erdschlußstrom

$$\mathfrak{J}_E = \mathfrak{U}_1 (j - 1) j \omega C + 3 \mathfrak{U}_1 j \omega C - 3 \mathfrak{J}_E R j \omega C,$$

oder

$$\mathfrak{J}_E = \mathfrak{U}_1 \frac{(2j - 1) \omega C}{1 + 3 R j \omega C} = \frac{(2j - 1) 2{,}5}{1 + R j 0{,}75 \cdot 10^{-3}} \text{ A}$$

für den Erdschluß am Außenleiter, beziehungsweise

$$\mathfrak{J}_E = \mathfrak{U}_1 (j - 1) j \omega C - 3 \mathfrak{J}_E R j \omega C$$

oder

$$\mathfrak{J}_E = \mathfrak{U}_1 \frac{(j - 1) j \omega C}{1 + 3 R j \omega C} = \frac{(-1 - j) 2{,}5}{1 + R j 0{,}75 \cdot 10^{-3}} \text{ A}$$

für den Erdschluß am Nulleiter.

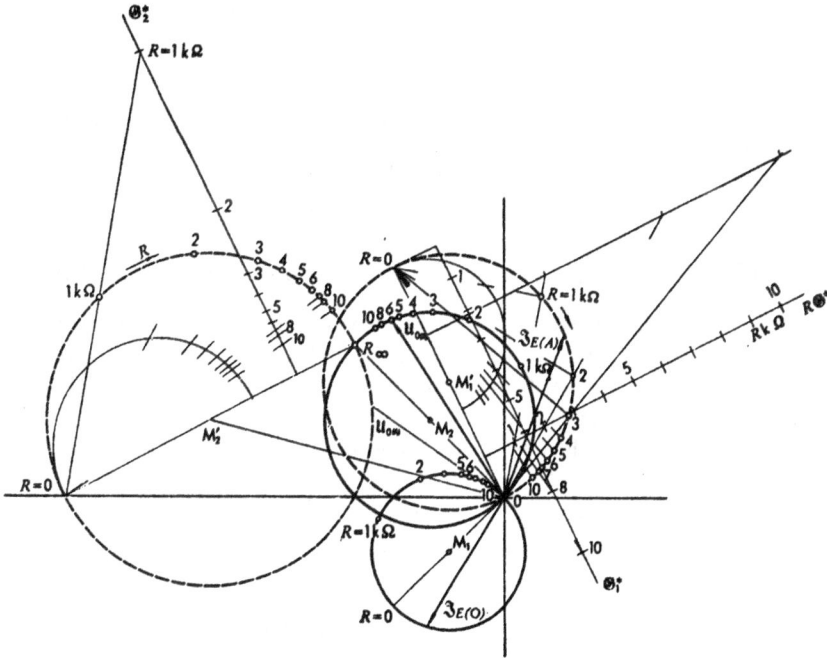

Bild 2 Ortskurven für den Erdschlußstrom und die Mittelpunktsspannung

In beiden Fällen ergeben sich Kreise durch den Ursprung als Ortskurven bei veränderlichem R (Bild 2). Die Nennergerade ist beiden Kreisen gemeinsam. Der Normalabstand $ON = 1$, also $1/2 \cdot ON = 0{,}5$, und es werden die Mittelpunktsvektoren

$$0{,}5 \cdot 2{,}5 (2j - 1) = -1{,}25 + j 2{,}5 \quad \text{bzw.} \quad 0{,}5 \cdot 2{,}5 (-1 - j) = -1{,}25 - j 1{,}25.$$

Die Bezifferungsgerade $\mathfrak{G}^*$ ist auf die neue Mittelpunktsrichtung mitzudrehen.

Für den Systemsternpunkt gilt noch

$$\mathfrak{u}_0 = -\mathfrak{u}_1 + \mathfrak{J}_E R = \mathfrak{u}_1 \cdot \frac{2+j}{3+\dfrac{1}{R\,j\,\omega\,C}} - \mathfrak{u}_1 = \left(\frac{20+j\,10}{3-\dfrac{1}{R}j\,4\cdot10^3} - 10\right) kV$$

beziehungsweise

$$\mathfrak{u}_0 = \mathfrak{J}_E R = \frac{-10+j\,10}{3-\dfrac{1}{R}j\,4\cdot10^3} \cdot kV.$$

Das sind zwei Kreise mit dem gemeinsamen Punkt $R = \infty$.

Vergleiche Band II: § 2,2.

1a Erdschluß in einem unsymmetrischen Zweiphasennetz

Ein Zweiphasennetz mit der verketteten Spannung von $U_{12} = 14140$ V hat die Kapazitäten $C_1 = C_2 = 2\,\mu F$ und $C_0 = 1\,\mu F$ gegen Erde.

Wie groß ist der Erdschlußstrom, wenn in einem Außenleiter ein Erdschluß über einen Lichtbogenwiderstand von $R = 100\,\Omega$ eintritt?

Lösung: Nach einer der vorhergehenden Aufgabe entsprechenden Ableitung wird

$$\mathfrak{J}_E = \mathfrak{u}_1 \frac{j\,\omega\,C_0 + (j-1)\,\omega\,C_1}{1 + R\,(2\,j\,\omega\,C_1 + j\,\omega\,C_0)}.$$

2 Einfluß der Abstimmung der Löscheinrichtung auf den Reststrom

Ein gelöschtes, symmetrisches 60 kV-Drehstromnetz erhält einen einphasigen Erdschluß. Wie groß darf die Verstimmung des Löschers bei einem Erdschlußwiderstand von $R = 0$; 500; 1000 und 2000 Ω höchstens sein, wenn der Reststrom unterhalb 1.5 A bleiben soll?

Welches ist die Löschleistung der Löschspule?

Die Leitungsdaten sind:

Länge der Leitung $l = 30$ km,

Kapazität eines Leiters gegen Erde $C = 3{,}53$ nF/km.

Die Löschspule soll als verlustlos angenommen werden.

Lösung: Aus dem Schaltbild 1 ergeben sich die Gleichungen

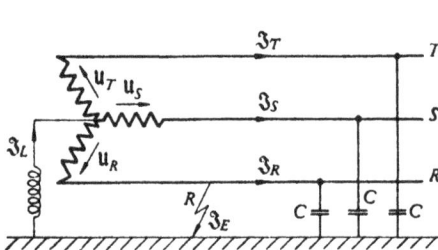

Bild 1 Schaltbild des Netzes

$$\mathfrak{u}_R - \mathfrak{J}_R \frac{1}{j\,\omega\,C} - \mathfrak{J}_L j\,\omega\,L = 0,$$

$$\mathfrak{u}_S - \mathfrak{J}_S \frac{1}{j\,\omega\,C} - \mathfrak{J}_L j\,\omega\,L = 0,$$

$$\mathfrak{u}_T - \mathfrak{J}_T \frac{1}{j\,\omega\,C} - \mathfrak{J}_L j\,\omega\,L = 0,$$

$$\mathfrak{u}_R - \mathfrak{J}_E R - \mathfrak{J}_L j\,\omega\,L = 0,$$

$$\mathfrak{J}_R + \mathfrak{J}_S + \mathfrak{J}_T + \mathfrak{J}_E - \mathfrak{J}_L = 0.$$

Davon liefern die drei ersten durch Addition

$$\mathfrak{J}_R + \mathfrak{J}_S + \mathfrak{J}_T = -3\,\mathfrak{J}_L\,j\,\omega\,L\,j\,\omega\,C = \mathfrak{J}_L - \mathfrak{J}_E$$

und durch Einsetzen von $\mathfrak{J}_L$ aus der vierten Gleichung

$$3\,j\,\omega\,C\,(\mathfrak{U}_R - \mathfrak{J}_E\,R) = \mathfrak{J}_E - \frac{\mathfrak{U}_R - \mathfrak{J}_E\,R}{j\,\omega\,L},$$

woraus

$$\mathfrak{J}_E = \mathfrak{U}_R \frac{3\,j\,\omega\,C + \dfrac{1}{j\,\omega\,L}}{1 + R\left(3\,j\,\omega\,C + \dfrac{1}{j\,\omega\,L}\right)} = \mathfrak{U}_R \frac{v\,3\,j\,\omega\,C}{1 + v\,R\,3\,j\,\omega\,C},$$

wenn die Verstimmung

$$v = \frac{3\,j\,\omega\,C + \dfrac{1}{j\,\omega\,L}}{3\,j\,\omega\,C}$$

eingeführt wird.

Es ist also

$$\mathfrak{J}_E = \frac{1}{R + \dfrac{1}{v}\,\dfrac{1}{3\,j\,\omega\,C}} = \frac{35\,000}{R - \dfrac{1}{v}\,j\,10^4}\ \text{A}.$$

Das gibt bei variablem v die im Bild 2 gezeichneten Kreise mit den Mittelpunktsvektoren $\mathfrak{M} = 1/2\,R$. Für satten Erdschluß erhält man mit

$$\mathfrak{J}_E = U_R\,v\,3\,j\,\omega\,C = v\,j\,3{,}5\ \text{A}$$

eine Gerade, die mit der imaginären Achse zusammenfällt. Umgekehrt erhält man mit variablem R Kreise mit den Mittelpunktsvektoren $j\dfrac{v}{2}$, zusammen also ein Kreisscharendiagramm.

Zieht man jetzt um den Ursprung einen Kreis mit dem Halbmesser 1,5 A, so liefern die Schnittpunkte mit den Ortskurven die zulässigen Höchstverstimmungen von $\pm\,43\,\%$ fast unabhängig von der Größe des Widerstandes R.

Für $v = 1$ erhält man den Erdschlußstrom ohne Löscheinrichtung. Er ist im Höchstfall 3,5 A und damit dem größten erforderlichen Löschstrom gleich. Die Löschleistung ist also

$$N_L = \frac{U}{\sqrt{3}}\,I_L = 35 \cdot 3{,}5\ \text{kVA} = 125\ \text{kVA}.$$

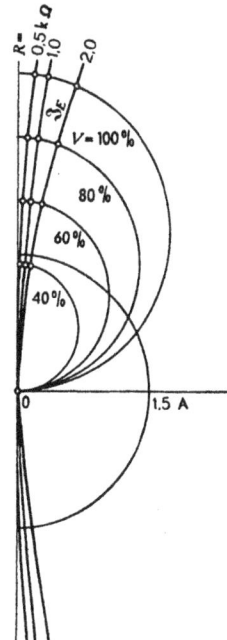

Bild 2 Ortskurven für den Erdschlußstrom

3 Einfluß der Verstimmung der Löscheinrichtung auf die Spannungsverlagerung in einem unsymmetrischen Drehstromnetz

Ein 35-kV-Drehstromnetz, dessen Leiter nicht verdrillt wurden, hat die Teilkapazitäten $C_R = 5\,\text{nF/km}$, $C_S = 4,3\,\text{nF/km}$, $C_T = 5,2\,\text{nF/km}$ gegen Erde. Um die im gesunden Netz infolge der Unsymmetrie vorhandene Spannungsverlagerung zu verbessern, soll die aufzustellende Erdschlußlöscheinrichtung verstimmt werden.

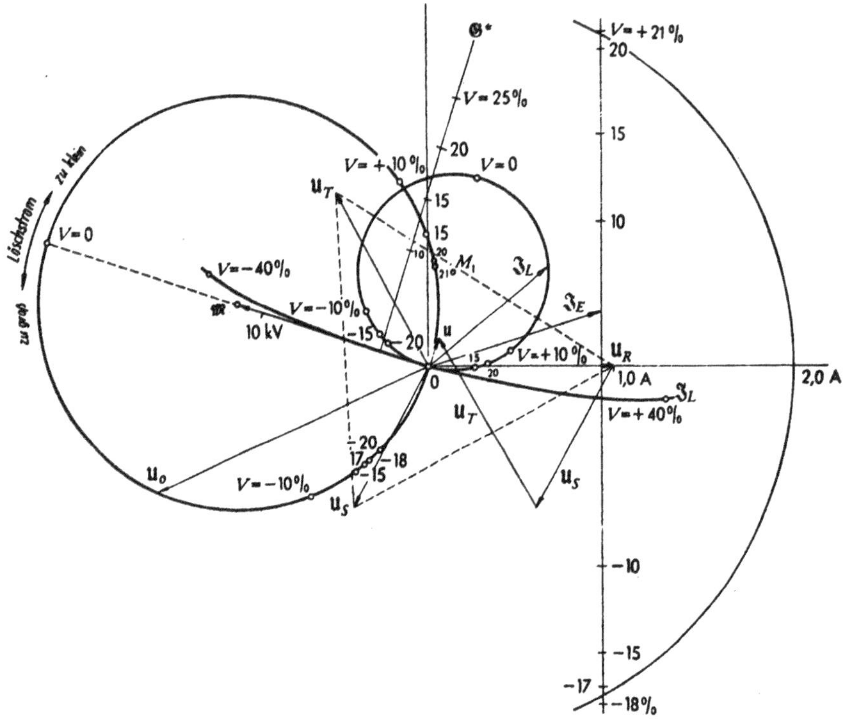

Bild 1 Ortskurven für die Spannungsverlagerung. Erdschluß- und Löschstrom

Wie groß ist die erzielbare Verbesserung, wenn der Erdschlußstrom einen Höchstwert von 2,0 A nicht überschreiten soll?

Wie groß ist der bei gesundem Netz die Löschspule durchfließende Strom bei Resonanzabstimmung und bei der gewählten Verstimmung?

Die Verluste der Löschspule betragen $p = 5\,\%$ der Nennleistung.

Lösung: Vorerst ergibt sich der induktive Widerstand der Löschspule aus $\omega L_N = 1\,\Sigma \omega C$ zu

$$\omega L_N = \frac{1}{\omega \Sigma C\, l} = \frac{10^7}{314 \cdot (5 + 4,3 + 5,2)}\,\frac{\text{s}}{\text{F}} = 2200\,\Omega.$$

Daraus wird der Ersatzwiderstand für die Verluste

$$R_N = \frac{\omega L_N}{p} = 20 \cdot 2200\ \Omega = 44\,000\ \Omega.$$

Aus den gegebenen Teilkapazitäten findet man ferner für die Unsymmetrie

$$\mathfrak{u} = \frac{\Sigma\,\mathfrak{u}\,\mathrm{j}\,\omega C}{U_R\,\Sigma\,\mathrm{j}\,\omega C} = \frac{\mathfrak{U}_R \cdot 5 + \mathfrak{U}_S \cdot 4,3 + \mathfrak{U}_T \cdot 5,2}{U_R \cdot 14,5},$$

was am besten graphisch ermittelt wird und im Bild 1 gezeichnet ist. Da die drei Phasenspannungen voraussetzungsgemäß die gleichen Absolutwerte haben, genügt es, die Zahlenwerte der Teilkapazitäten um je 120° verschoben zu addieren. Die Schlußlinie ist dann $\mathfrak{u}\,\Sigma C$ und daraus

$$|\mathfrak{u}| = \frac{0,8}{14,5}\ ^0/_0 = 5,5\ ^0/_0.$$

Nunmehr findet man die Spannungsverlagerung bei gesundem Zustand des Netzes aus

$$\mathfrak{U}_0 = \frac{\mathfrak{u}\,U_R\,\Sigma\,R_N\,\mathrm{j}\,\omega C}{1 + v\,R_N\,\Sigma\,\mathrm{j}\,\omega C} = \frac{\mathfrak{u}\,U_R \cdot 44 \cdot 10^3 \cdot \mathrm{j} \cdot 314 \cdot 14,5 \cdot 10^{-7}}{1 + v \cdot 44 \cdot 10^3 \cdot \mathrm{j} \cdot 314 \cdot 14,5 \cdot 10^{-7}} = \frac{\mathrm{j}\,20\,\mathfrak{u}\,U_R}{1 + v\,\mathrm{j}\,20}.$$

Unter vorläufiger Vernachlässigung des Zählers liefert dies mit variabler Verstimmung v einen Kreis durch den Ursprung mit dem Mittelpunktsvektor $\mathfrak{M} = 0,5$. Dieser Vektor muß nun mit dem Ausdruck des Zählers, also mit

$$\mathrm{j}\,20\,\mathfrak{u}\,U_R = \mathrm{j}\,20\,\frac{35}{\sqrt{3}}\,\mathfrak{u}\,\mathrm{kV} = \mathrm{j}\,404\,\mathfrak{u}\,\mathrm{kV}$$

drehgestreckt werden. Das liefert einen gegen $\mathfrak{u}$ um 90° voreilenden Vektor von der Größe

$$0,5 \cdot 404 \cdot 0,055\,\mathrm{kV} = 11,1\,\mathrm{kV}$$

Damit kann nun der Kreis für $\mathfrak{U}_0$ gezeichnet und nach Mitdrehen der Geraden $\mathfrak{G}^*$ auch beziffert werden.

Um nun der Grenzbedingung $\mathfrak{J}_E = 2,0\,\mathrm{A}$ Genüge zu leisten, ist noch der Erdschlußstrom aus

$$\mathfrak{J}_E = \mathfrak{U}_R\left[\frac{1}{R_N} + (v - \mathfrak{u})\,\Sigma\,\mathrm{j}\,\omega C\right] = (0,46 - \mathrm{j}\,9,2\,\mathfrak{u} + v\,\mathrm{j}\,9,2)\,\mathrm{A}$$

zu bestimmen. Das ist eine Gerade parallel zur imaginären Achse, die den Ausgangspunkt ihrer Bezifferung im Punkt $0,46 - \mathrm{j}\,9,2\,\mathfrak{u}$ hat. Schneidet man jetzt mit der geforderten Grenzstromstärke $I_E = 2,0\,\mathrm{A}$ ein, so erhält man als zulässige größte Verstimmungen $v = +21\,\%$ und $v = -17\,\%$, von denen praktisch wohl nur der erste Wert in Frage kommt, nicht nur weil er als größerer die stärkere Wirkung auf die Spannungsverlagerung hat, sondern weil er auch keine Erhöhung der Spulenleistung bewirkt. Die Spannungsverlagerung geht bei dieser Verstimmung der Löscheinrichtung auf 5,2 kV zurück, das ist auf 25 % des bei ungelöschtem Netz auftretenden Wertes.

Infolge der Unsymmetrie fließt auch schon bei gesundem Netz ein Strom durch die Löschspule. Man findet ihn nach Bild 2 aus

$$\mathfrak{u} - \mathfrak{J}\, \frac{1}{j\,\omega\,C} - \mathfrak{J}_L \frac{R_N\, j\,\omega\, L_N}{R_N + j\,\omega\, L_N} = 0$$

durch Summieren über die drei Phasen

$$\Sigma\, \mathfrak{u}\, j\,\omega\, C - \mathfrak{J}_L - \mathfrak{J}_L \frac{R_N\, j\,\omega\, L_N\, \Sigma\, j\,\omega\, C}{R_N + j\,\omega\, L_N} = 0$$

zu

$$\mathfrak{J}_L = \frac{(R_N + j\,\omega\, L_N)\, \Sigma\, U\, j\,\omega\, C}{R_N + j\,\omega\, L_N + R_N\, j\,\omega\, L_N\, \Sigma\, j\,\omega\, C}.$$

Nach kurzer Zwischenrechnung läßt sich dieser Ausdruck auf

$$\mathfrak{J}_L = U_R\, \mathfrak{u}\, \frac{1 - j\,\dfrac{R_N}{\omega\, L_N}}{\dfrac{1}{\Sigma\, j\,\omega\, C} + v\, R_R} = \mathfrak{u}\, \frac{1 - j\, 20}{-\, j\, 0{,}109 + v\, 2{,}18}\, A$$

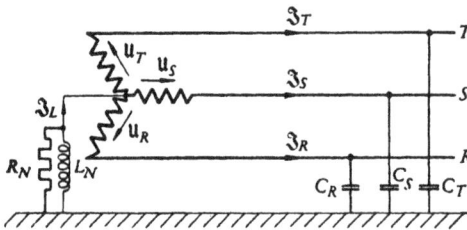

Bild 2 Schaltbild

umformen. Der im gesunden Zustand des Netzes durch die Erdschlußspule gehende Strom ist also bei Resonanzabstimmung

$$I_{L0} = \frac{0{,}055\, \sqrt{401}}{0{,}109}\, A \approx 10\, A,$$

bei der Verstimmung von $+ 21\%$

$$I_L = \frac{0{,}055\, \sqrt{401}}{\sqrt{0{,}329}}\, A = 1{,}9\, A$$

Im Bild ist ein Teil dieses Kreises im Maßstab von I_E und der ganze Kreis im verkleinerten Maßstab gezeichnet.

4 Beeinflussung zweier gelöschter Drehstromsysteme mit Erdschluß, Berechnung von Erdkapazitäten

Eine 60 kV- und eine 35 kV-Leitung sind auf einer Länge von $l_{III} = 20\,km$ auf gemeinsamem Gestänge geführt. Das Mastbild zeigt Bild 1 (in dem die Entfernungen und mittleren Höhen in m eingetragen sind). Die Leiterquerschnitte sind bei beiden Leitungen 35 mm².

Wie groß ist die Sternpunktsverlagerung im 35 kV-Netz, bei einem *satten* Erdschluß im 60 kV-Netz, wenn das gelöschte 35 kV-Netz eine gesamte Leitungslänge von 100 km besitzt und die Löschspule $p = 5\%$ Verluste hat.

Lösung: In der vorliegenden Aufgabe handelt es sich um ein reines Problem des Nullsystems, und es müßte genügen, jedes der beiden Drehstromsysteme durch einen einzigen Leiter darzustellen, wie es Bild 2 oder schließlich das Ersatzschaltbild 3 angibt (siehe Seite 128).

Der Ersatzleiter jedes Systems ist so zu bestimmen, daß dieselben Potentialverhältnisse vorliegen wie beim tatsächlich vorhandenen Dreileitersystem. Das Potential am Leiter 1 des Systems wäre, wenn alle drei Leiter die Ladung Q hätten,

$$\varphi_1 = \frac{Q}{2\pi\varepsilon_0}(\ln r + \ln a_{12} + \ln a_{31}) + k = \frac{Q}{2\pi\varepsilon_0}\ln r\, a_{12}\, a_{31} + k.$$

Wäre statt der drei Leiter ein einziger Ersatzleiter mit dem Halbmesser r' vorhanden, der dann aber die Ladung $3Q$ führen müßte, dann wäre das Potential dieses Leiters

$$\varphi_1 = \frac{3Q}{2\pi\varepsilon_0}\ln r' + k =$$

$$= \frac{Q}{2\pi\varepsilon_0}\ln r'^3 + k.$$

Soll der Ersatzleiter in der Wirkung gleichwertig sein, dann muß $\varphi_1 = \varphi_1$ und damit

$$r\,a_{12}\,a_{31} = (r')^3$$

sein. Zwei weitere Gleichungen erhält man für φ_2 und φ_3, woraus schließlich der *wirksame Radius*

$$r' = \sqrt[3]{r}\,\sqrt[9]{(a_{12}\,a_{23}\,a_{31})^2},$$

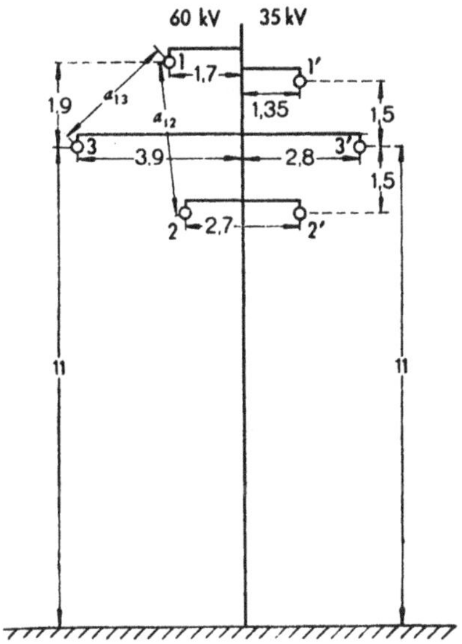

oder im vorliegenden Fall

$$r'_I = \sqrt[3]{0,334}\,\sqrt[9]{(3,5\cdot 3\cdot 3)^2\cdot 10^{12}}\ \text{cm} = 32,2\ \text{cm},$$

$$r'_{II} = \sqrt[3]{0,334}\,\sqrt[9]{(3\cdot 2\cdot 2)^2\cdot 10^{12}}\ \text{cm} = 26\ \text{cm}.$$

Bild 1 Mastbild

In ganz ähnlicher Weise läßt sich auch eine mittlere Entfernung zwischen den Leitern des Systems I und jenen des Systems II ableiten. Sind b_{11}, b_{12}, b_{13} die Abstände des Leiters 1 des Systems I von den drei Leitern des Systems II, so ist das Potential

$$\varphi_1 = \frac{Q}{2\pi\varepsilon_0}(\ln b_{11} + \ln b_{12} + \ln b_{13}) + k = \frac{Q}{2\pi\varepsilon_0}\ln b_{11}\, b_{12}\, b_{13} + k.$$

Für einen mittleren Abstand b_1 wäre

$$\overline{\varphi}_1 = \frac{Q}{2\pi\varepsilon_0}\,3\ln b_1 + k = \frac{Q}{2\pi\varepsilon_0}\ln b_1^3 + k$$

und somit der mittlere Abstand

$$b_1 = \sqrt[3]{b_{11}\,b_{12}\,b_{13}}.$$

Dasselbe läßt sich für den Leiter 2 und 3 ableiten, und schließlich kann man noch einen mittleren Abstand dieser drei Teilabstände errechnen, so daß schließlich die mittlere Entfernung

$$b = \sqrt[3]{b_1 \, b_2 \, b_3} = \sqrt[9]{\overline{b_{11} \, b_{12} \, b_{13} \, b_{21} \, b_{22} \, b_{23} \, b_{31} \, b_{32} \, b_{33}}}$$

wird, im vorliegenden Fall also

$$b = \sqrt[9]{3{,}1 \cdot 4{,}6 \cdot 4{,}9 \cdot 4 \cdot 2{,}7 \cdot 4{,}3 \cdot 5{,}5 \cdot 5{,}5 \cdot 6{,}7} \; \text{m} = 4{,}43 \, \text{m}.$$

Damit ergibt sich jetzt das einfache Ersatzmastbild 2, in dem noch die Erde durch die Leiterspiegelbilder berücksichtigt ist. Mit den Potentialkoeffizienten

$$a_I = \frac{1}{2 \pi \varepsilon_0} \ln \frac{2 h}{r'_I} = \frac{10^{14}}{2 \pi 8{,}859} \ln \frac{2200 \, \text{V cm}}{32{,}2 \, \text{A s}} = 76\,000 \; \frac{\text{kV km}}{\text{A s}},$$

$$a_{II} = \frac{1}{2 \pi \varepsilon_0} \ln \frac{2 h}{r'_{II}} = \frac{76\,000}{4{,}23} \ln \frac{2200 \, \text{kV km}}{26 \, \text{A s}} = 79\,700 \; \frac{\text{kV km}}{\text{A s}},$$

$$a_{I\,II} = \frac{1}{2 \pi \varepsilon_0} \ln \frac{c}{b} = \frac{76\,000}{4{,}23} \ln \frac{\sqrt{22^2 + 4{,}43^2} \; \text{kV km}}{4{,}43 \quad \text{A s}} = 29\,200 \; \frac{\text{kV km}}{\text{A s}}$$

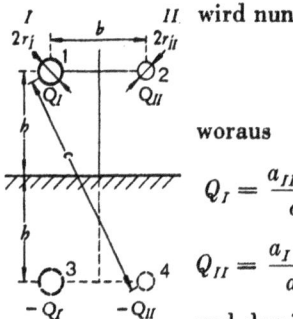

Bild 2
Gespiegeltes
Ersatzmastbild

wird nun

$$\varphi_1 = a_I Q_I + a_{I\,II} Q_{II},$$
$$\varphi_2 = a_{I\,II} Q_I + a_{II} Q_{II},$$

woraus

$$Q_I = \frac{a_{II} \varphi_I - a_{I\,II} \varphi_{II}}{a_I a_{II} - a_{I\,II}^2} = \frac{(a_{II} - a_{I\,II}) \varphi_I + a_{I\,II}(\varphi_I - \varphi_{II})}{a_I a_{II} - a_{I\,II}^2},$$

$$Q_{II} = \frac{a_I \varphi_{II} - a_{I\,II} \varphi_I}{a_I a_{II} - a_{I\,II}^2} = \frac{a_{I\,II}(\varphi_{II} - \varphi_I) + (a_I - a_{I\,II}) \varphi_{II}}{a_I a_{II} - a_{I\,II}^2}$$

und damit die beiden Erdkapazitäten

$$C'_I = \frac{a_{II} - a_{I\,II}}{a_I a_{II} - a_{I\,II}^2} = \frac{79{,}7 - 29{,}2}{6060 - 851} 10^{-3} \; \frac{\text{A s}}{\text{kV km}} = 9{,}7 \; \text{nF/km},$$

$$C'_{II} = \frac{a_I - a_{I\,II}}{a_I a_{II} - a_{I\,II}^2} = 9{,}7 \; \frac{46{,}8}{50{,}5} \; \text{nF km} = 8{,}98 \, \text{nF/km}$$

und die gegenseitige Kapazität

$$C'_{I\,II} = \frac{a_{I\,II}}{a_I a_{II} - a_{I\,II}^2} = \frac{29{,}2}{5209} 10^{-3} \; \frac{\text{A s}}{\text{kV km}} = 5{,}6 \, \text{nF km}.$$

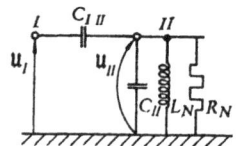

Bild 3
Ersatzschaltbild

Jetzt kann das eigentliche Erdschlußproblem in Angriff genommen werden, für das das Ersatzschaltbild 3 entworfen werden kann. Darin ist die treibende Spannung U_I die bei Erdschluß im System I auftretende Nullspannung, das ist aber die Phasenspannung des 60 kV-Netzes. Die Kapazitäten sind

$$C_{I\,II} = l_{I\,II} C'_{I\,II} = 20 \cdot 5{,}6 \, \text{nF} = 0{,}112 \, \mu\text{F},$$

$$C_{II} = l_{II} \, C'_{II} = 100 \cdot 8{,}98 \, \text{nF} = 0{,}898 \, \mu\text{F}$$

und damit der induktive Widerstand der Löschspule

$$\omega L_N = \frac{1}{\omega C_{II}} = \frac{10^6}{314 \; 0,898} \frac{\text{s}}{\text{F}} = 3550 \, \Omega.$$

Der Verlustwiderstand der Spule ist

$$R_N = \frac{\omega L_N}{p} = 20 \cdot 3550 \, \Omega = 71\,000 \, \Omega.$$

Die Spannung U_I treibt durch den angeschlossenen Stromkreis den Strom

$$\mathfrak{J} = \frac{U_I}{\dfrac{1}{j\,\omega\,C_{III}} + \dfrac{1}{j\,\omega\,C_{II} + \dfrac{1}{j\,\omega\,L_N} + \dfrac{1}{R_N}}} = \frac{U_I}{\dfrac{1}{j\,\omega\,C_{III}} + \dfrac{1}{\dfrac{1}{R_N} + v_{II}\,j\,\omega\,C_{II}}},$$

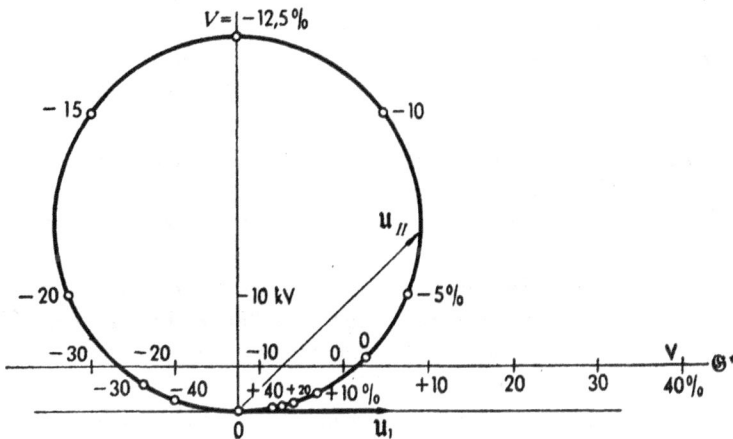

Bild 4 Ortskurve für $\mathfrak{U}_2$

der die Spannungsverlagerung

$$\mathfrak{U}_{II} = \mathfrak{J}\,\frac{1}{j\,\omega\,C_{II} + \dfrac{1}{j\,\omega\,L_N} + \dfrac{1}{R_N}} = U_I\,\frac{\dfrac{1}{\dfrac{1}{R_N} + v_{II}\,j\,\omega\,C_{II}}}{\dfrac{1}{j\,\omega\,C_{III}} + \dfrac{1}{\dfrac{1}{R_N} + v_{II}\,j\,\omega\,C_{II}}}$$

im 35 kV-Netz hervorruft. Dieser Ausdruck kann noch umgeformt werden auf

$$\mathfrak{U}_{II} = U_I\,\frac{1}{1 - j\,\dfrac{1}{R_N\,j\,\omega\,C_{III}} + v_{II}\,\dfrac{C_{II}}{C_{III}}} = \frac{34,6}{1 - j\,0,4 + v_{II}\,8}\,\text{kV}.$$

Das gibt für veränderliche Verstimmung den im Bild 4 gezeichneten Kreis als Ortskurve. Bei Resonanzabstimmung ist die Verlagerungsspannung

$$U_2 = \frac{U_I}{\sqrt{1 + 0,4^2}} = \frac{60}{\sqrt{3}\,\sqrt{1,16}}\,\text{kV} = 32,2\,\text{kV},$$

also unzulässig hoch. Durch positive Verstimmung kann die Verlagerungsspannung erheblich gesenkt werden. Sie steigt besonders stark an bei negativen
Verstimmungen und erreicht ihr Maximum für die Verstimmung

$$v_{II} = -1/8 = -12{,}5\,\%$$

mit dem Wert von 87 kV!

Vergleiche Band I: § 2117,12. Band III.

5 Beeinflussung des Gestellschlußschutzes eines Drehstromgenerators durch Netzerdschlüsse

Ein Drehstromgenerator mit einer Spannung von 5250 V speist über drei
parallel geschaltete, je 57 m lange Kabel einen Transformator, der auf $U = 60\,\text{kV}$
übersetzt und an ein Verteilnetz angeschlossen ist. Der Generator wird gegen
Gestellschlüsse dadurch geschützt, daß die Spannung seines Sternpunktes gegen
Erde gemessen und zur Betätigung einer entsprechenden Schutzeinrichtung heran-
gezogen wird.

Infolge der Kapazität zwischen Primär- und Sekundärwicklung des Transformators rufen Netzerdschlüsse ebenfalls eine Verlagerung des Generatorsternpunktes hervor, die ein unnötiges Ansprechen der Schutzeinrichtung bewirken
können.

Wie groß ist die Spannungsverlagerung des Generatorsternpunktes bei
einem Netzerdschluß, wenn die gegenseitige Kapazität der Transformatorwicklun-
gen $C_{12} = 2{,}54\,\text{nF}$ beträgt und die Kabelleitungen einen spezifischen Erdschlußstrom von $I_e = 85\,\text{A}/(100\,\text{km und } 10\,\text{kV})$ haben?

Zur Abhilfe kann zwischen dem Sternpunkt des Generators und Erde ein
Widerstand geschaltet werden. Wie groß muß dieser gewählt werden, damit die
Verlagerungsspannung bei einem äußeren Erdschluß 500 V nicht übersteigt?

Die Kapazität der Generatorwicklung gegen Erde kann vernachlässigt
werden?

Lösung: Aus dem für das Nullsystem gezeichneten Schaltbild 1 ergibt
sich zunächst der von der Phasenspannung $\mathfrak{u}$ getriebene Strom

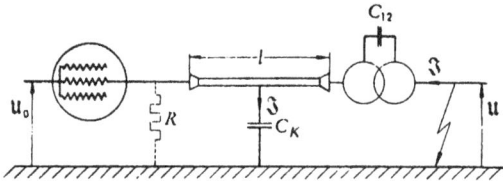

Bild 1 Nullschaltbild

$$\mathfrak{J} = \mathfrak{u}\,\frac{j\,\omega\,C_{12}\;j\,\omega\,C_k}{j\,\omega\,C_{12} + j\,\omega\,C_k}$$

und damit die Verlagerungsspannung

$$\mathfrak{u}_0 = \mathfrak{J}\,\frac{1}{j\,\omega\,C_k} = \mathfrak{u}\,\frac{C_{12}}{C_{12} + C_k}.$$

Die Kabelerdkapazität ergibt sich aus dem spezifischen Erdschlußstrom zu

$$C_K = 3\,\frac{I_e\sqrt{3}\,l}{10000 \cdot \omega \cdot 100\ \text{V km}}\,\frac{1}{} = 3\,\frac{85 \cdot \sqrt{3} \cdot 57}{10^3 \cdot \pi \cdot 10^3}\ \text{F} = 80\,\text{nF}.$$

Der Generatorsternpunkt verlagert sich also auf

$$\mathfrak{U}_0 = U \frac{2{,}54}{2{,}54 + 80} = \frac{60}{\sqrt{3}} 0{,}0308 \, \text{kV} = 1064 \, \text{V}.$$

Das ist

$$\frac{1064 \cdot \sqrt{3}}{5250} 100\,{}^0/_0 = 35\,{}^0/_0$$

der Generatorphasenspannung.

Wird zur Abhilfe gegen diesen unzulässig hohen Wert ein Widerstand R zwischen Sternpunkt und Erde geschaltet, so liegt dieser, wie im Bild 1 angedeutet ist, für das Nullsystem parallel zur Kabelkapazität. In der Gleichung für $\mathfrak{U}_0$ ist dann $j\,\omega\,C_k$ durch $j\,\omega\,C_k + 1/R$ zu ersetzen, womit

$$\mathfrak{U}_0 = U \frac{j\,\omega\,C_{12}}{j\,\omega\,(C_{12} + C_K) + \dfrac{1}{R}},$$

was in Abhängigkeit von R durch einen Halbkreis durch den Ursprung darstellbar ist. In Zahlenwerten wird

$$\mathfrak{U}_0 = \frac{60 \cdot 10^3 \cdot j\,314 \cdot 2{,}54 \cdot 10^{-9}}{\sqrt{3}\left(j\,314 \cdot 82{,}54 \cdot 10^{-9} + \dfrac{1}{R}\,\Omega\right)} \, V = \frac{276}{0{,}259 - j\,\dfrac{10^4}{R}\,\Omega} \, V,$$

was im Bild 2 dargestellt ist. Der Kreishalbmesser ist

$$\mathfrak{M} = \frac{1}{2 \cdot 0{,}259} 276 \, V = 532 \, V.$$

Schneidet man nun mit der zugelassenen Grenzspannung von 500 V in den Ortskurvenkreis ein, so erhält man als erforderlichen Widerstandswert

$$R \approx 2 \cdot 10^4 \, \Omega,$$

einen Wert, der sich natürlich auch aus

Bild 2 Kreisdiagramm für $\mathfrak{U}_0$

$$500 = \frac{276}{\sqrt{0{,}259^2 + 10^8 \, \Omega^2 / R^2}}$$

hätte errechnen lassen.

Da zur Messung der Verlagerungsspannung ein Spannungswandler (5000/100) V zur Verfügung stehen wird, kann der Widerstand auch auf der Sekundärseite dieses Wandlers angeordnet werden. Seine Größe ist dann

$$R' = 2 \cdot 10^4 \left(\frac{1000}{5000}\right)^2 \Omega = 8 \, \Omega.$$

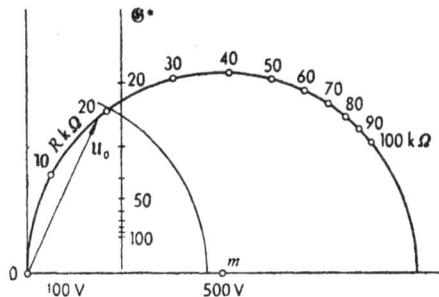

§ 59 Vierpole, Kettenleiter

§ 591 Einführung

Mit den Vierpolkonstanten $\mathfrak{A}_1$, $\mathfrak{A}_2$, $\mathfrak{B}$, $\mathfrak{C}$ sind die Grundgleichungen des passiven Vierpoles

$$\mathfrak{U}_1 = \mathfrak{A}_1 \, \mathfrak{U}_2 + \mathfrak{B} \, \mathfrak{J}_2,$$

$$\mathfrak{J}_1 = \mathfrak{A}_2 \, \mathfrak{J}_2 + \mathfrak{C} \, \mathfrak{U}_2,$$

wobei

$$\mathfrak{A}_1 \, \mathfrak{A}_2 - \mathfrak{B} \, \mathfrak{C} = 1.$$

Sie können auch mit dem *Wellenwiderstand* $\mathfrak{Z}$ und dem *Übertragungsmaß* $\mathfrak{g} = b + j\,a$ in der Form

$$\mathfrak{U}_1 = \frac{\mathfrak{U}_2}{\mathfrak{s}} \, \mathfrak{Cof}\, \mathfrak{g} + \mathfrak{J}_2 \, \mathfrak{Z} \, \mathfrak{Sin}\, \mathfrak{g},$$

$$\mathfrak{J}_1 = \mathfrak{J}_2 \, \mathfrak{s} \, \mathfrak{Cof}\, \mathfrak{g} + \frac{\mathfrak{U}_2}{\mathfrak{Z}} \, \mathfrak{Sin}\, \mathfrak{g}$$

geschrieben werden, worin noch

$$\mathfrak{s} = \sqrt{\mathfrak{A}_2/\mathfrak{A}_1}$$

den *Symmetriefaktor* bedeutet, der beim symmetrischen Vierpol zu 1 wird.

Mißt man den Widerstand am Eingang eines Vierpoles, so wird

$$\mathfrak{W}_1 = \frac{\mathfrak{B} + \mathfrak{A}_1 \, \mathfrak{W}}{\mathfrak{A}_2 + \mathfrak{C} \, \mathfrak{W}} = \frac{\mathfrak{Z} \, \mathfrak{Z} \, \mathfrak{s} + \mathfrak{W} \, \mathfrak{Ctg}\, \mathfrak{g}}{\mathfrak{s} \, \mathfrak{Z} \, \mathfrak{s} \, \mathfrak{Ctg}\, \mathfrak{g} + \mathfrak{W}}$$

Er vereinfacht sich bei der *Anpassung*, nämlich bei Belastung mit $\mathfrak{W} = \mathfrak{Z}\,\mathfrak{s} = \mathfrak{Z}_2$ auf

$$\mathfrak{W}_1' = \mathfrak{Z}/\mathfrak{s} = \mathfrak{Z}_1.$$

Die Grundkonstanten des Vierpoles können durch Leerlauf und Kurzschlußmessungen wie folgt ermittelt werden:

$$\mathfrak{A}_1 = \frac{\mathfrak{U}_{10}}{\mathfrak{U}_2} = \frac{\mathfrak{J}_{2\,k}}{\mathfrak{J}_1}; \qquad \mathfrak{A}_2 = \frac{\mathfrak{U}_{20}}{\mathfrak{U}_1} = \frac{\mathfrak{J}_{1\,k}}{\mathfrak{J}_2};$$

$$\mathfrak{B} = \frac{\mathfrak{U}_{1\,k}}{\mathfrak{J}_2} = \frac{\mathfrak{U}_{2\,k}}{\mathfrak{J}_1}; \qquad \mathfrak{C} = \frac{\mathfrak{J}_{10}}{\mathfrak{U}_2} = \frac{\mathfrak{J}_{20}}{\mathfrak{U}_1};$$

$$\mathfrak{Z} = \sqrt{\mathfrak{B}/\mathfrak{C}} = \sqrt{\mathfrak{W}_{10} \, \mathfrak{W}_{2\,k}} = \sqrt{\mathfrak{W}_{1\,k} \, \mathfrak{W}_{20}}.$$

Dabei weisen die Zeiger 0 und k darauf hin, ob die betreffende Größe auf der Einspeisestelle des Vierpoles bei Leerlauf oder Kurzschluß der Ausgangsseite zu messen ist oder umgekehrt.

Kompliziertere Vierpole lassen sich auf einfachere Grundschaltungen zurückführen, wovon die T-, die Π- und die X-Schaltung die wichtigsten sind.

Bei der T- oder *Sternschaltung* wird

$$\mathfrak{A}_1 = 1 + \mathfrak{Y}\mathfrak{Z}_1, \qquad \mathfrak{Y} = \mathfrak{C},$$

$$\mathfrak{A}_2 = 1 + \mathfrak{Y}\mathfrak{Z}_2, \qquad \mathfrak{Z}_1 = \frac{\mathfrak{A}_1 - 1}{\mathfrak{C}},$$

$$\mathfrak{B} = \mathfrak{Z}_1 + \mathfrak{Z}_2 + \mathfrak{Y}\mathfrak{Z}_1\mathfrak{Z}_2, \qquad \mathfrak{Z}_2 = \frac{\mathfrak{A}_2 - 1}{\mathfrak{C}}.$$

$$\mathfrak{C} = \mathfrak{Y},$$

Darin sind $\mathfrak{Z}_1, \mathfrak{Z}_2$ die beiden Längswiderstände und $\mathfrak{Y}$ der Querleitwert der T-Schaltung.

Für die Π- oder *Dreieckschaltung* erhält man

$$\mathfrak{A}_1 = 1 + \mathfrak{Y}_2\mathfrak{Z}, \qquad \mathfrak{Z} = \mathfrak{B},$$

$$\mathfrak{A}_2 = 1 + \mathfrak{Y}_1\mathfrak{Z}, \qquad \mathfrak{Y}_1 = \frac{\mathfrak{A}_2 - 1}{\mathfrak{B}},$$

$$\mathfrak{B} = \mathfrak{Z}, $$

$$\mathfrak{C} = \mathfrak{Y}_1 + \mathfrak{Y}_2 + \mathfrak{Y}_1\mathfrak{Y}_2\mathfrak{Z}, \qquad \mathfrak{Y}_2 = \frac{\mathfrak{A}_1 - 1}{\mathfrak{B}},$$

worin $\mathfrak{Y}_1, \mathfrak{Y}_2$ die beiden Querleitwerte und $\mathfrak{Z}$ der Längswiderstand der Π-Schaltung bedeuten.

Besonders einfach werden die Ausdrücke bei symmetrischen Ersatzschaltungen mit $\mathfrak{Z}_1 = \mathfrak{Z}_2 = \mathfrak{Z}$ beziehungsweise $\mathfrak{Y}_1 = \mathfrak{Y}_2 = \mathfrak{Y}$. Es ist dann für die T-Schaltung noch

$$\mathfrak{Z} = \sqrt{\frac{\mathfrak{Z}}{\mathfrak{C}}}\,\sqrt{2 + \mathfrak{Y}\mathfrak{Z}}$$

und für die Π-Schaltung

$$\mathfrak{Z} = \sqrt{\frac{\mathfrak{Z}}{\mathfrak{Y}}}\,\frac{1}{\sqrt{2 + \mathfrak{Y}\mathfrak{Z}}}.$$

Für beide Schaltungen gilt ferner

$$e^{\mathfrak{g}} = 1 + \mathfrak{Y}\mathfrak{Z}.$$

Bei der *symmetrischen* X- oder *Kreuzschaltung* wird

$$\mathfrak{A} = \frac{1 + \mathfrak{Y}\mathfrak{Z}}{1 - \mathfrak{Y}\mathfrak{Z}}, \qquad \mathfrak{Z} = \sqrt{\frac{\mathfrak{B}}{\mathfrak{C}}}\,\sqrt{\frac{\mathfrak{A} - 1}{\mathfrak{A} + 1}},$$

$$\mathfrak{B} = \frac{2\mathfrak{Z}}{1 - \mathfrak{Y}\mathfrak{Z}}, \qquad \mathfrak{Y} = \sqrt{\frac{\mathfrak{C}}{\mathfrak{B}}}\,\sqrt{\frac{\mathfrak{A} - 1}{\mathfrak{A} + 1}}$$

$$\mathfrak{C} = \frac{2\mathfrak{Y}}{1 - \mathfrak{Y}\mathfrak{Z}},$$

und

$$\mathfrak{Z} = \sqrt{\frac{\mathfrak{Z}}{\mathfrak{Y}}}, \qquad e^{\mathfrak{g}} = \frac{1 + \mathfrak{Y}\mathfrak{Z}}{1 - \mathfrak{Y}\mathfrak{Z}}.$$

Mehrere Vierpole ergeben aneinandergereiht einen *Kettenleiter*, der *homogen* genannt wird, wenn die Teilvierpole gleich sind. Es wird dann

$$\mathfrak{U}_1 = \mathfrak{U}_2 \operatorname{\mathfrak{Cof}} n\, \mathfrak{g} + \mathfrak{J}_2\, \mathfrak{Z} \operatorname{\mathfrak{Sin}} n\, \mathfrak{g},$$

$$\mathfrak{J}_1 = \mathfrak{J}_2 \operatorname{\mathfrak{Cof}} n\, \mathfrak{g} + \frac{\mathfrak{U}_2}{\mathfrak{Z}} \operatorname{\mathfrak{Sin}} n\, \mathfrak{g},$$

wenn die n-Teilvierpole symmetrisch und ihre Kenngrößen $\mathfrak{Z}$ und $\mathfrak{g}$ sind.

Bestehen die Vierpole eines Kettenleiters aus reinen Blindwiderständen (*Reaktanzvierpole*), dann ergeben sich charakteristische Frequenzabhängigkeiten, indem für bestimmte Frequenzbereiche die Dämpfung (reeller Teil von $\mathfrak{g}$) verschwindet (*Durchlaßbereich*), in den übrigen Bereichen aber durch Erhöhung der Gliederzahl der Kette beliebig hoch getrieben werden kann (*Sperrbereich*). Die Bereichsgrenzen werden durch die *Grenzfrequenzen* bestimmt, die sich bei den drei wichtigsten Ersatzschaltungen aus

$$\operatorname{\mathfrak{Cof}} \mathfrak{g} = \mathfrak{A} = A(\omega) = \pm 1$$

bestimmen lassen, worin jetzt $\mathfrak{A}$ eine reelle Funktion von ω ist. Für die T- und Π-Schaltung führt das auf die Bedingungsgleichungen

$$\mathfrak{Y}\, \mathfrak{Z} = 0 \quad \text{und} \quad \mathfrak{Y}\, \mathfrak{Z} = -2,$$

aus denen die Grenzfrequenzen ermittelt werden können.

Im Sperrbereich ist die Dämpfung gegeben durch

$$\pm \operatorname{\mathfrak{Cof}} b = A(\omega).$$

Es ist dort $\cos a = \pm 1$, die Winkellage also $0°$ oder $180°$. Im Durchlaßbereich erfolgt dagegen die Phasendrehung von $0°$ auf $180°$ nach der Gleichung

$$\cos a = A(\omega).$$

Für das *Kreuzglied* gibt es nur e i n e Bedingungsgleichung zur Ermittlung der Grenzfrequenz, nämlich

$$\mathfrak{Y}\, \mathfrak{Z} = 0.$$

Soll bei einem Reaktanzvierpol die Abhängigkeit von der Frequenz bestimmt werden, dann bezieht man vorteilhaft auf die Grenzfrequenzen ω_0 und erhält beispielsweise für den Wellenwiderstand bei der T-Schaltung

für die Drosselkette $(\mathfrak{Z} = 2\, \mathrm{j}\, \omega\, L; \quad \mathfrak{Y} = \mathrm{j}\, \omega\, C)$

$$\mathfrak{Z} = \sqrt{\frac{L}{C}} \sqrt{1 - \left(\frac{\omega}{\omega_0}\right)^2}$$

für die Kondensatorkette $\left(\mathfrak{Z} = \dfrac{1}{2\, \mathrm{j}\, \omega\, C}; \quad \mathfrak{Y} = \dfrac{1}{\mathrm{j}\, \omega\, L}\right)$

$$\mathfrak{Z} = \sqrt{\frac{L}{C}} \sqrt{1 - \left(\frac{\omega_0}{\omega}\right)^2},$$

und bei der Π-Schaltung

für die Drosselkette $\left(\mathfrak{Z} = j\,\omega\,L;\quad \mathfrak{Y} = \dfrac{j\,\omega\,C}{2}\right)$

$$\mathfrak{Z} = \sqrt{\frac{L}{C}}\,\frac{1}{\sqrt{1-(\omega/\omega_0)^2}}\,,$$

für die Kondensatorkette $\left(\mathfrak{Z} = \dfrac{1}{j\,\omega\,C};\quad \mathfrak{Y} = \dfrac{1}{2\,j\,\omega\,L}\right)$

$$\mathfrak{Z} = \sqrt{\frac{L}{C}}\,\frac{1}{\sqrt{1-(\omega_0/\omega)^2}}\,.$$

§ 592 Rechenbeispiele

1 Leerlaufmessungen an einem symmetrischen Vierpol

An einem leerlaufenden, symmetrischen Vierpol wurden in der Schaltung nach Bild 1 folgende Werte gemessen:

$I_{10} = 16\,\text{A}.$ $U_2 = 80\,\text{V},$

$U_{10} = 100\,\text{V},$ $N = 60\,\text{W}.$

Ferner wurde festgestellt, daß $\mathfrak{U}_2$ gegen $\mathfrak{U}_{10}$ um 20^0 nacheilt.

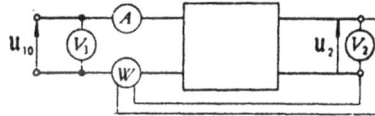

Wie lauten die Grundgleichungen des Vierpoles?

Bild 1 Meßschaltbild

Welche Form hat die Ortskurve für den Eingangswiderstand in Abhängigkeit von der Größe eines an die Ausgangsklemmen angeschlossenen, veränderlichen Wirkwiderstandes?

Wie groß ist der Eingangswiderstand bei Leerlauf und Kurzschluß?

Lösung: Aus den allgemeinen Grundgleichungen des symmetrischen Vierpoles wird

$$\mathfrak{A} = \frac{\mathfrak{U}_{10}}{\mathfrak{U}_2} = \frac{100}{80}\,\mathrm{e}^{\,j\,20^0} = 1{,}25\,\mathrm{e}^{\,j\,20^0}$$

Es ist ferner

$$\mathfrak{C} = \frac{\mathfrak{J}_{10}}{\mathfrak{U}_2} = \frac{I_{10}}{U_2}\,\mathrm{e}^{\,j\,\varphi}\,,$$

wobei

$$\varphi = \text{arc cos}\,\frac{N}{I_{10}\,U_2} = \text{arc cos}\,\frac{60}{16\cdot 80} = \text{arc cos}\,\frac{3}{64} = 87{,}3^0$$

Man kann die Ermittlung aber auch rein graphisch vornehmen, indem man zunächst den Wirkstrom

$$I_{10\,w} = \frac{N}{U_2} = \frac{60}{80}\,\text{A} = 0{,}75\,\text{A}$$

ermittelt, auf ihm nach Bild 2 eine Senkrechte errichtet und mit dem Kreis mit dem Halbmesser $I_{10} = 16\,\text{A}$ schneidet. Der Schnittpunkt bestimmt $\mathfrak{J}_{10}$ und mit $\mathfrak{J}_{10}/U_2 = \mathfrak{C}$. Es ist also

$$\mathfrak{C} = \frac{16}{80}\,e^{j\,87,3°}\,\text{S} = 0,2\,e^{j\,87,3°}\,\text{S}.$$

Daraus ergibt sich $\mathfrak{B}$ über

$$\mathfrak{B} = \frac{\mathfrak{A}^2 - 1}{\mathfrak{C}}.$$

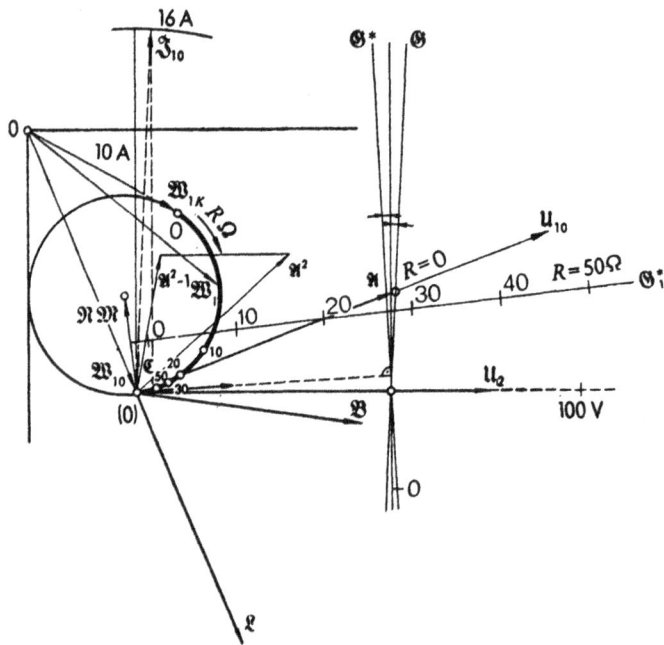

Bild 2 Graphische Ermittlung der Konstanten

Aus dem Bild kann abgelesen werden

$$\mathfrak{B} = 5,1\,e^{-j\,8,4°}\,\Omega.$$

($\mathfrak{A}$ und $\mathfrak{C}$ sind im 5 fachen Maßstab von $\mathfrak{B}$ gezeichnet.)
Die Grundgleichungen lauten also

$$\mathfrak{U}_1 = 1,25\,e^{j\,20°}\,\mathfrak{U}_2 + 5,1\,e^{-j\,8,4°}\,\mathfrak{J}_2,$$

$$\mathfrak{J}_1 = 1.25\,e^{j\,20°}\,\mathfrak{J}_2 + 0,2\,e^{j\,87,3°}\,\mathfrak{U}_2.$$

Der Eingangswiderstand ist

$$\mathfrak{W}_1 = \frac{\mathfrak{B} + R\,\mathfrak{A}}{\mathfrak{A} + R\,\mathfrak{C}}.$$

Er ist in Abhängigkeit von R durch einen Kreis allgemeiner Lage gegeben.

Nach den Regeln der Ortskurventheorie ist zunächst das Spiegelbild $\overline{\mathfrak{G}^*}$ der Nennergeraden $\mathfrak{G} = \mathfrak{A} + R\,\mathfrak{C}$ zu zeichnen. Das liefert nach Bild 2 den Normalabstand $\overline{(O)\,N} = 1{,}155$ und damit den Mittelpunktsvektor $|\mathfrak{M}| = 0{,}433$. Man erhält ferner

$$\mathfrak{L} = \frac{\mathfrak{A}}{\mathfrak{C}} = \mathfrak{W}_{10} = \frac{1{,}25\,e^{j\,20^\circ}}{0{,}2\,e^{j\,87{,}3^\circ}}\,\Omega = 6{,}25\,e^{-j\,67{,}3^\circ}\,\Omega$$

und den Drehstrecker

$$\mathfrak{N} = \mathfrak{B} - \mathfrak{L}\,\mathfrak{A} = \mathfrak{B} - \frac{\mathfrak{A}^2}{\mathfrak{C}} = -\frac{1}{\mathfrak{C}} = 5\,e^{j\,(180^\circ - 87{,}3^\circ)}\,\Omega = 5\,e^{j\,92{,}7^\circ}\,\Omega,$$

somit $|\mathfrak{N}\,\mathfrak{M}| = 2{,}165\,\Omega$.

Nach Mitdrehen der Bezifferungsgeraden kann jetzt der Kreis gezeichnet und beziffert werden. Die Verschiebung des Ursprunges um $-\mathfrak{L} = -\mathfrak{W}_{10}$ nach 0 liefert dann das endgültige Diagramm.

Für $R = 0$ ergibt sich noch der Eingangskurzschlußwiderstand $\mathfrak{W}_{1k} = \mathfrak{B}/\mathfrak{A}$. Der Leerlaufeingangswiderstand $\mathfrak{W}_{10}$ wurde bereits ermittelt.

Vergleiche Band II: § 3221,4.

2 Umwandlung einer T-Schaltung in eine П-Schaltung

Für den im Bild 1 gezeichneten Vierpol mit

$$R = 20\,\Omega, \qquad L_1 = 0{,}02\,\text{H},$$
$$L = 0{,}08\,\text{H}, \qquad C = 1\,\mu\text{F}$$

ist für $f = 800$ Hz die gleichwertige П-Schaltung zu bestimmen.

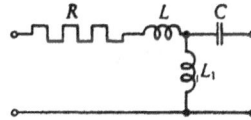

Bild 1
Vorgelegter Vierpol

Wie groß sind der Längswiderstand und die Querleitwerte?

Wie groß ist der Symmetriefaktor?

Wie groß ist der Kernwiderstand?

Lösung: Durch Vergleich der Vierpol-Grundgleichungen findet man

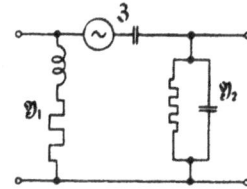

Bild 2 Ersatzvierpol
in П-Schaltung

$$\mathfrak{Z} = \mathfrak{Z}_1 + \mathfrak{Z}_2 + \mathfrak{Y}\,\mathfrak{Z}_1\,\mathfrak{Z}_2 = R + j\,\omega\,L + \frac{1}{j\,\omega\,C} + \frac{R + j\,\omega\,L}{j\,\omega\,L_1\,j\,\omega\,C} = R\left(1 - \frac{1}{\omega^2\,L_1\,C}\right) +$$
$$+ \frac{1}{j\,\omega\,C}\left(1 + \frac{L}{L_1}\right) + j\,\omega\,L = [20\,(1-2) - j\,200\,(1+4) + j\,400]\,\Omega =$$
$$= (-20 - j\,600)\,\Omega,$$

$$\mathfrak{Y}_1 = \frac{\mathfrak{Y}\,\mathfrak{Z}_2}{\mathfrak{Z}_1 + \mathfrak{Z}_2 + \mathfrak{Y}\,\mathfrak{Z}_1\,\mathfrak{Z}_2} = \frac{\mathfrak{Y}\,\mathfrak{Z}_2}{\mathfrak{Z}} = \frac{1}{j\,\omega\,L_1\,j\,\omega\,C\,\mathfrak{Z}} = -\frac{1}{2\,\mathfrak{Z}} = \frac{1}{10 + j\,300}\,\text{S},$$

$$\mathfrak{Y}_2 = \frac{\mathfrak{Y}\,\mathfrak{Z}_1}{\mathfrak{Z}_1 + \mathfrak{Z}_2 + \mathfrak{Y}\,\mathfrak{Z}_1\,\mathfrak{Z}_2} = \frac{R + j\,\omega\,L}{j\,\omega\,L_1\,\mathfrak{Z}} = \frac{20 + j\,400}{6 - j\,0{,}2}\,10^{-4}\,\text{S} = \frac{40 + j\,2404}{36{,}04}\,10^{-4}\,\text{S} =$$
$$= (1{,}11 + j\,66{,}7)\,10^{-4}\,\text{S}.$$

Das Ergebnis ist insofern bemerkenswert, als bei $\mathfrak{Z}$ ein negativer, reeller Bestandteil auftritt. Der gegebene Vierpol kann also nicht ohne weiteres in einer Π-Ersatzschaltung dargestellt werden, es sei denn, daß man den „negativen" Widerstand durch eine entsprechende Spannungsquelle ersetzt, wie es im Bild 2 dargestellt ist, das die neue Ersatzschaltung zeigt.

Der Symmetriefaktor errechnet sich zu

$$\mathfrak{s} = \sqrt{\frac{\mathfrak{W}_{20}}{\mathfrak{W}_{10}}} = \sqrt{\frac{j\,\omega\,L_1 + \dfrac{1}{j\,\omega\,C}}{R + j\,\omega\,L + j\,\omega\,L_1}} = \sqrt{\frac{-1}{\dfrac{20}{j\,100} + 5}} = \sqrt{\frac{-j}{0,2 + j\,5}} =$$

$$= -8,94 \cdot 10^{-3} + j\,0,447.$$

Als Kernwiderstand definiert man den Kehrwert zur Vierpolkonstanten $\mathfrak{C}$.

Es ist hier also

$$\mathfrak{M} = 1/\mathfrak{C} = 1 \quad \mathfrak{Y} = j\,\omega\,L_1 = j\,100\,\Omega.$$

Vergleiche Band II: § 3226,4.

2a Umwandlung einer T-Schaltung in eine Π-Schaltung

Die im Bild 1 dargestellte T-Schaltung ist in eine gleichwertige Π-Schaltung umzuwandeln, wenn gegeben ist

$$L = 0,1\;\text{H}, \qquad R = 250\,\Omega,$$
$$L_1 = 0,05\;\text{H}, \qquad R_1 = 100\,\Omega,$$
$$f = 800\;\text{Hz}.$$

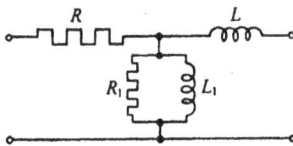

Bild 1 Vorgelegter Vierpol

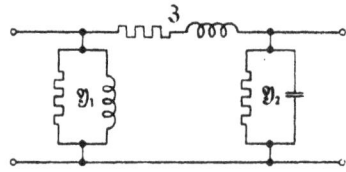

Bild 2 Ersatzvierpol in Π-Schaltung

Lösung: Es ergibt sich wie in der vorhergehenden Aufgabe

$$\mathfrak{Z} = (750 + j\,1750)\,\Omega,$$
$$\mathfrak{Y}_1 = (0,035 - j\,1,41)\,10^{-3}\,\text{S},$$
$$\mathfrak{Y}_2 = (2,83 + j\,0,069)\,10^{-3}\,\text{S}.$$

Das neue Ersatzschaltbild zeigt Bild 2.

3 Kettenleiter (Tiefpaß)

Ein Kettenleiter besteht aus fünf Vierpolen der im Bild 1 gezeichneten Art und mit

$$R = 50\,\Omega, \qquad C = 0{,}4\,\mu\text{F},$$
$$L = 0{,}2\,\text{H}, \qquad f = 400\,\text{Hz}.$$

Wie groß sind der Wellenwiderstand, das Übertragungsmaß, die Dämpfung und das Winkelmaß des Kettenleiters?

Wie groß sind die Längswiderstände und der Querleitwert des den Kettenleiter darstellenden Ersatzvierpoles in T-Schaltung?

Wie groß ist die Grenzfrequenz des Kettenleiters (Tiefpaß) unter Vernachlässigung der Verluste?

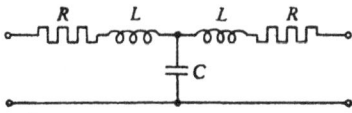

Bild 1 Teilvierpol des Kettenleiters

Wie verläuft die Dämpfungskurve in Abhängigkeit von der Frequenz bei Berücksichtigung der Verluste?

Lösung: Den Wellenwiderstand findet man am besten aus $\mathfrak{Z} = \sqrt{\mathfrak{W}_0\,\mathfrak{W}_k}$, wobei

$$\mathfrak{W}_0 = R + j\,\omega L + \frac{1}{j\,\omega C} = (50 + j\,500 - j\,1000)\,\Omega = (50 - j\,500)\,\Omega,$$

$$\mathfrak{W}_k = R + j\,\omega L + \frac{R + j\,\omega L}{j\,\omega C\,(R + j\,\omega L) + 1} = \left(50 + j\,500 + \frac{50 + j\,500}{0{,}5 + j\,0{,}05}\right)\Omega =$$

$$= \frac{50 + j\,752{,}5}{0{,}5 + j\,0{,}05}\,\Omega = \frac{75{,}25 - j\,5}{50 - j\,500}\,10^4\,\Omega$$

und damit

$$\mathfrak{W}_0\,\mathfrak{W}_k = (75{,}25 - j\,5)\,10^4\,\Omega^2 = 75{,}4\cdot10^4\cdot e^{-j\,3{,}8°}\,\Omega^2$$

und

$$\mathfrak{Z} = 868\,e^{-j\,1{,}9°}\,\Omega.$$

Zur Ermittlung des Übertragungsmaßes geht man von der Gleichung

$$\mathfrak{Cof}\,\gamma = \frac{e^\gamma + e^{-\gamma}}{2} = 1 + \mathfrak{Y}\,\mathfrak{Z} = 1 + (R + j\,\omega L)\,j\,\omega C$$

aus. Durch Erweitern mit e^γ wird daraus

$$e^{2\gamma} - 2\,[1 + (R + j\,\omega L)\,j\,\omega C]\,e^\gamma + 1 = 0 = e^{2\gamma} - 2\,(0{,}5 + j\,0{,}05)\,e^\gamma + 1$$

und

$$e^\gamma = e^\beta\,e^{j\alpha} = 0{,}5 + j\,0{.}05\,{}^+_{(-)}\sqrt{(0{,}5 + j\,0{,}05)^2 - 1} =$$
$$= 0{,}5 + j\,0{,}05 + 0{,}029 + j\,0{.}868 = 0{,}529 + j\,0{,}918.$$

Es ist damit der Betrag des Übertragungsmaßes

$$|e^\gamma| = e^\beta = \sqrt{0{,}529^2 + 0{,}918^2} = 1{,}065 = 1 + \beta + \beta^2/2 + \cdots,$$

also
$$\beta = 0{,}065 \text{ Neper.}$$

Das Winkelmaß wird
$$\alpha = \text{arc tg } \frac{918}{529} = 60^0,$$

und somit
$$\gamma = 0{,}065 + j\,60^0,$$

oder für die Kette
$$\mathfrak{g} = 5\,\gamma = 0{,}325 + j\,300^0,$$
$$b = 5\,\beta = 0{,}325 \text{ Neper,}$$
$$a = 5\,\alpha = 300^0.$$

Wesentlich müheloser hätten diese Werte auf graphischem Wege erhalten werden können, wie es das Bild 2 zeigt. Zunächst zeichnet man $\mathfrak{W}_0$ und $\mathfrak{W}_k$ und

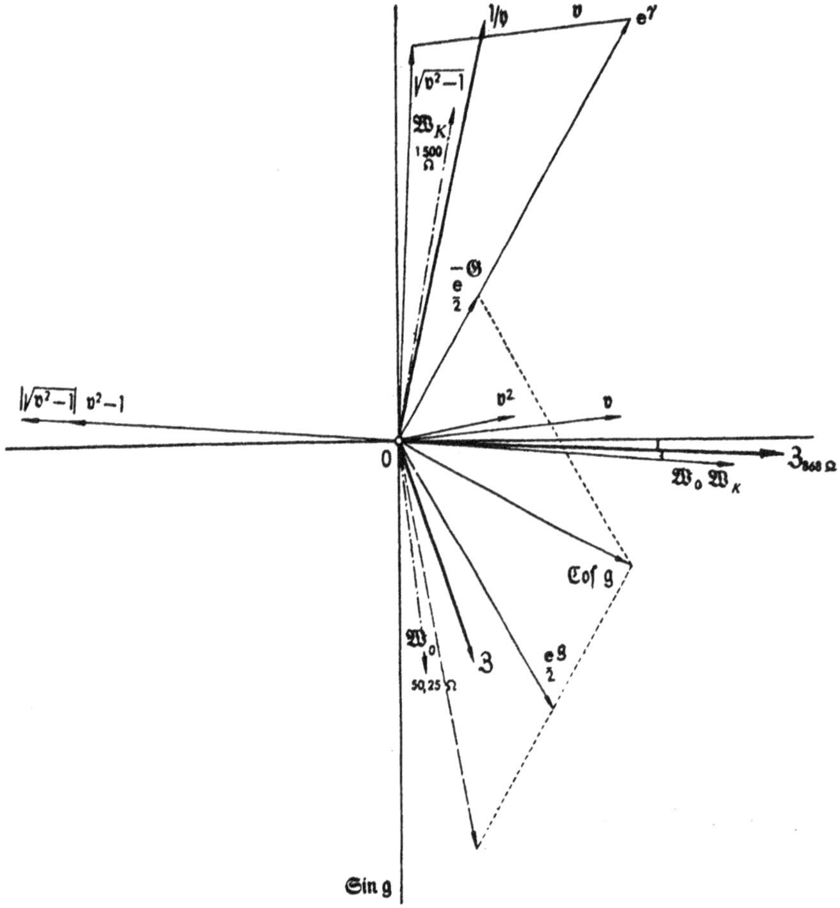

Bild 2 Graphische Ermittlung der Konstanten

das Produkt $\mathfrak{W}_0\,\mathfrak{W}_k$. Die Wurzel daraus (Wurzel aus dem Betrag auf der Winkel-halbierenden aufgetragen) liefert $\mathfrak{Z}$.

Man findet ferner e^γ durch Addition der beiden Vektoren

$$\mathfrak{W} = 0{,}5 + j\,0{,}05 \qquad \text{und} \qquad \sqrt{\mathfrak{W}^2 - 1}\,.$$

Der Betrag des so erhaltenen Vektors ist die Dämpfung $e^\beta = 1{,}065$ und der Logarithmus hiervon das Dämpfungsmaß $\beta = 0{,}065$ Neper. Der Richtungs-winkel von e^g gibt das Winkelmaß α.

Für den den Kettenleiter darstellenden Ersatzvierpol sind die Ansatz-gleichungen

$$\mathfrak{A} = \mathfrak{Cof}\,g = \mathfrak{Cof}\,5\,\gamma,$$

$$\mathfrak{B} = \mathfrak{Z}\,\mathfrak{Sin}\,g = \mathfrak{Z}\,\mathfrak{Sin}\,5\,\gamma,$$

$$\mathfrak{C} = \frac{1}{\mathfrak{Z}}\,\mathfrak{Sin}\,g = \frac{1}{\mathfrak{Z}}\,\mathfrak{Sin}\,5\,\gamma,$$

womit

$$\mathfrak{Y} = \mathfrak{C} = \frac{1}{\mathfrak{Z}}\,\mathfrak{Sin}\,5\,\gamma, \qquad \frac{1}{\mathfrak{Y}} = \frac{\mathfrak{Z}}{\mathfrak{Sin}\,5\,\gamma},$$

$$\mathfrak{Z} = \frac{\mathfrak{A} - 1}{\mathfrak{C}} = \frac{\mathfrak{Z}}{\mathfrak{Sin}\,5\,\gamma}\,(\mathfrak{Cof}\,5\,\gamma - 1).$$

Hierfür zeichnet man zunächst

$$e^g = e^{5\gamma} = e^{5\beta}\,e^{j\,5\alpha} = e^{0{,}325}\,e^{j\,300^\circ} = 1{,}384\,e^{j\,300^\circ}$$

und

$$e^{-g} = e^{-5\gamma} = e^{-5\beta}\,e^{-j\,5\alpha} = e^{-0{,}325}\,e^{-j\,300^\circ} = 0{,}724\,e^{j\,60^\circ}.$$

Aus den Definitionen der Hyperbelfunktionen findet man dann $\mathfrak{Sin}\,g$ und $\mathfrak{Cof}\,g$ und damit

$$\frac{1}{\mathfrak{Y}} = 935\,e^{j\,77^\circ\,30'}\,\Omega = (202 + j\,916)\,\Omega$$

und

$$\mathfrak{Z} = 520\,e^{-j\,71^\circ\,45'}\,\Omega = (163 - j\,493)\,\Omega.$$

Zur Bestimmung der Grenzfrequenz bei Vernachlässigung der Verluste ($R = 0$) bilde man

$$\mathfrak{Y}\,\mathfrak{Z} = -2 = j\,\omega\,L\,j\,\omega\,C = -\omega^2 L\,C,$$

woraus

$$\omega_0 = \sqrt{\frac{2}{LC}} = \sqrt{25 \cdot 10^6}\,\frac{1}{\mathrm{s}} = 5000\,\frac{1}{\mathrm{s}}$$

und

$$f_0 = \frac{5000}{2\,\pi}\,\mathrm{Hz} = 800\,\mathrm{Hz}.$$

Im Sperrbereich ist dann die Dämpfung gegeben durch

$$-\mathfrak{Cof}\,\beta = \mathfrak{A} = A = 1 + \mathfrak{Y}\,\mathfrak{Z} = 1 - \omega^2 L\,C = 1 - 2\,(\omega/\omega_0)^2$$

und

$$b = 5\,\beta = 5\,\mathfrak{Ar}\,\mathfrak{Cof}\,[2\,(\omega/\omega_0)^2 - 1].$$

Die Abhängigkeit ist im Bild 3 gezeichnet.

Werden die Verluste nicht vernachlässigt, dann ist

$$\mathfrak{Cof}\,\gamma = \mathfrak{A} = A_1 + j\,A_2 = 1 + (R + j\,\omega\,L)\,j\,\omega\,C = 1 - \omega^2 L\,C + j\,R\,\omega\,C,$$

also

$$A_1 = 1 - \omega^2 L\,C = 1 - 2\,(\omega/\omega_0)^2$$

und

$$A_2 = R\,\omega\,C = \frac{2\,R}{\omega_0\,L}\left(\frac{\omega}{\omega_0}\right) = 0{,}1\,\frac{\omega}{\omega_0}.$$

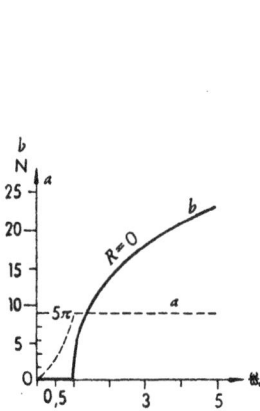

Bild 3 Dämpfungskurve   Bild 4 Graphische Ermittlung von γ

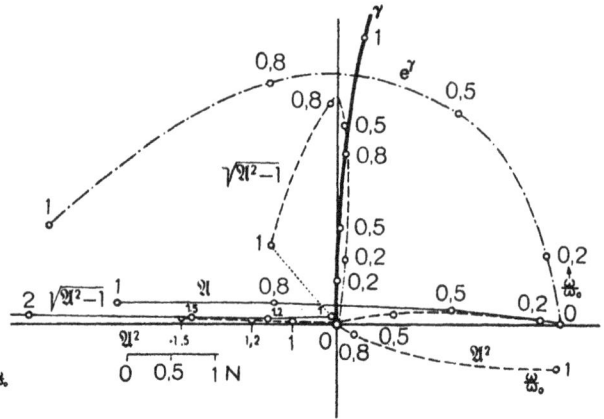

Die Kurve

$$\mathfrak{Cof}\,\gamma = 1 + j\,0{,}1\,\frac{\omega}{\omega_0} - 2\left(\frac{\omega}{\omega_0}\right)^2$$

kann jetzt leicht gezeichnet werden. Sie ist im Bild 4 mit $\mathfrak{A}$ bezeichnet. Da die imaginären Komponenten sehr klein sind, kann die Kurve für Werte von $\omega/\omega_0 > 1$ praktisch genau als Gerade durch den Ursprung angesehen werden. Bildet man jetzt $\mathfrak{A}^2$, so liegen deren Punkte ausreichend genau wieder auf einer Geraden durch O. Sucht man weiteres

$$\mathfrak{Sin}\,\gamma = \sqrt{\mathfrak{A}^2 - 1},$$

so kommt man auf die ursprüngliche Gerade, und da 1 gegen $\mathfrak{A}^2$ für $\omega/\omega_0 \geqq 2$ praktisch vernachlässigbar ist, kommt man wieder auf die Kurve für $\mathfrak{A}$ ($\mathfrak{Sin}\,\gamma = \mathfrak{Cof}\,\gamma$). Durch Addition wird dann

$$\mathfrak{Sin}\,\gamma + \mathfrak{Cof}\,\gamma = 2\,\mathfrak{A} = e^{\gamma}.$$

Bei kleineren Werten von ω/ω_0 muß aber $\mathfrak{Sin}\,\gamma$ genau ermittelt werden. Das Verfahren ist für den Bereich $\omega/\omega_0 = 0 \cdots 1$ im Bild in vergrößertem Maßstab eingetragen. Man zeichnet zunächst $\mathfrak{Cof}\,\gamma$ nach der obigen Gleichung, quadriere dann die erhaltene Kurve und ziehe die Wurzel aus $\mathfrak{A}^2 - 1$, indem man zunächst vom Punkt $+1$ die Vektoren an die Kurve $\mathfrak{A}^2$ zieht und unter den halben Richtungswinkeln vom Ursprung aus die Wurzel aus den Beträgen aufträgt. Nun addiert man die Vektoren für gleiches ω/ω_0 der Kurven $\mathfrak{A}$ und $\sqrt{\mathfrak{A}^2 - 1}$ und erhält

$$\mathfrak{Sin}\,\gamma + \mathfrak{Cof}\,\gamma = e^\gamma.$$

Durch Logarithmieren wird daraus

$$\gamma = \ln e^\beta + j\,a = \beta + j\,a = \ln e^\gamma + j\,\alpha,$$

woraus dann

$$b = 5\,\beta = 5\ln|e^\gamma|$$

entnommen werden kann. Zum Vergleich ist die so erhaltene Dämpfungskurve in Bild 5 eingetragen.

Vergleiche Band II: § 33,2.

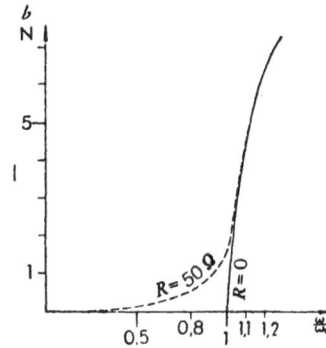

Bild 5 Dämpfungskurve

3a Kettenleiter (Hochpaß)

Für die Kondensatorkette (Hochpaß) nach Bild 1 mit

$$C = 0,4\,\mu\text{F}, \qquad f = 800\,\text{Hz},$$
$$L = 0,1\,\text{H}, \qquad U_1 = 10\,\text{V}$$

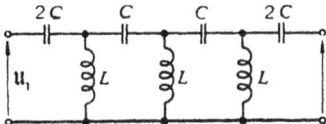

ist zu berechnen

Bild 1 Schaltung des Kettenleiters

1. der Wellenwiderstand,
2. das Übertragungsmaß,
3. die Grenzfrequenz,
4. die Ausgangsspannung, wenn der Kettenleiter mit dem Wellenwiderstand abgeschlossen ist.

Lösung: Der Kettenleiter besteht aus drei symmetrischen Teilvierpolen in T-Schaltung mit

$$\mathfrak{Z} = \frac{1}{j\,2\,\omega\,C} \quad \text{und} \quad \mathfrak{Y} = \frac{1}{j\,\omega\,L}$$

Der Wellenwiderstand errechnet sich zu

$$\mathfrak{Z} = \frac{\sqrt{4\,\omega^2\,L\,C - 1}}{2\,\omega\,C} = 433\,\Omega$$

Das Übertragungsmaß ergibt sich aus

$$\mathfrak{Cof}\,\gamma = \frac{2\,\omega^2\,L\,C - 1}{2\,\omega^2\,L\,C} = -\frac{1}{2}$$

und

$$e^\gamma = \frac{1}{2} + j\,\frac{\sqrt{3}}{2}, \qquad |e^\gamma| = 1$$

zu

$$\mathfrak{g} = \mathrm{j}\,a = \mathrm{j}\,3\alpha = 3 \cdot 60^0 = 180^0.$$

Die Grenzfrequenz findet man aus

$$\frac{1}{2\,\omega^2 L C} = 2$$

zu

$$\omega_0 = \frac{1}{2\sqrt{LC}} = 2500\,\frac{1}{\mathrm{s}}; \quad f_0 = 400\,\mathrm{Hz}.$$

Die Spannung am Ausgang ist bei Anpassung gleich der Eingangsspannung, doch gegen diese um $a = 180^0$ phasenverschoben

$$\mathfrak{U}_2 = -\,U_1 = -\,10\,\mathrm{V}.$$

Vergleiche Band II: § 33,2.

3b Kreuzgliedkette

Für Meßzwecke soll ein Kreuzgliedkettenleiter nach Bild 1 gebaut werden, der eine Verdrehung der Ausgangsspannung gegenüber der Eingangsspannung von 60^0 bei $\omega = 1000\ \mathrm{s}^{-1}$ bewirkt.

Wie groß müssen L und C gemacht werden, wenn der Wellenwiderstand $\mathfrak{Z} = 400\ \Omega$ betragen soll?

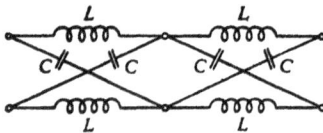

Bild 1
Schaltung der Kreuzgliedkette

Lösung: Aus

$$\mathfrak{g} = \mathrm{j}\,a$$

und

$$\mathfrak{Z} = \mathrm{j}\,\omega L = \mathfrak{Z}\,\mathfrak{Tg}\,\frac{\mathfrak{g}}{2}$$

wird

$$L = \frac{\mathfrak{Z}}{\omega}\,\mathrm{tg}\,\frac{a}{2} = \frac{400\ \mathrm{H}}{1000}\,\mathrm{tg}\,15^0 = 0{,}107\ \mathrm{H}$$

und

$$\mathfrak{Y} = \mathrm{j}\,\omega C = \frac{1}{\mathfrak{Z}}\,\mathfrak{Tg}\,\frac{\mathfrak{g}}{2}$$

oder

$$C = \frac{1}{\omega\,\mathfrak{Z}}\,\mathrm{tg}\,\frac{a}{2} = \frac{L}{\mathfrak{Z}^2} = 0{,}67\ \mu\mathrm{F}.$$

Vergleiche Band II: § 33,2.

4 Kettenleiter (Bandfilter)

Eine Siebkette besteht aus Vierpolen der im Bild 1 gezeichneten Schaltung, wobei

$$L_1 = 1\,\mathrm{H}, \quad L_2 = 1{,}5\,\mathrm{H}, \quad C = 1\,\mu\mathrm{F}.$$

In welchem Frequenzbereich ist die Siebkette durchlässig?

Lösung: Aus

$$\mathfrak{Y}\mathfrak{Z} = \begin{cases} 0 \\ -2 \end{cases}$$

ergeben sich die Bedingungsgleichungen

$$\frac{1}{j\,\omega\,L_2}\left(j\,\omega\,L_1 + \frac{1}{j\,\omega\,C}\right) = \frac{L_1}{L_2} - \frac{1}{\omega^2\,L_2\,C} = \begin{cases} 0 \\ -2 \end{cases}$$

Bild 1
Schaltung des Filters

oder

$$\omega_{01} = \frac{1}{\sqrt{L_1 C}} = \frac{1}{\sqrt{10^{-6}}}\frac{1}{s} = 1000\ s^{-1}, \qquad f_{01} = 160\ \text{Hz},$$

und

$$\omega_{02} = \frac{1}{\sqrt{(L_1 + 2L_2)C}} = \frac{1}{\sqrt{4\cdot 10^{-6}}}\frac{1}{s} = 500\ s^{-1}, \qquad f_{02} = 80\ \text{Hz}.$$

Zwischen diesen beiden Frequenzen liegt der Durchlaßbereich (*Bandfilter*).

Vergleiche Band II: § 33,2.

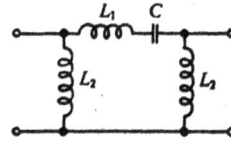

5 Eichleitung

Eine Eichleitung soll aus einer Kette von zwei Vierpolen bestehen, welche als symmetrische T-Glieder mit nur Ohmschen Widerständen ausgebildet sind. Der Wellenwiderstand jedes T-Gliedes soll $\mathfrak{Z} = 600\ \Omega$ betragen. Die Dämpfung des ersten T-Gliedes soll 2 Neper, die des zweiten 0,5 Neper sein.

Wie groß sind die Einzelwiderstände jedes T-Gliedes zu bemessen?

Lösung: Aus den Grundgleichungen der symmetrischen T-Schaltung

$$\mathfrak{A} = 1 + \mathfrak{Y}\mathfrak{Z} = \mathfrak{Cof}\,\mathfrak{g},$$

$$\mathfrak{C} = \mathfrak{Y} = \frac{\mathfrak{Sin}\,\mathfrak{g}}{\mathfrak{Z}}$$

ergibt sich mit

$$\mathfrak{Cof}\,\mathfrak{g}_1 = \mathfrak{Cof}\,2 = 3{,}762, \qquad \mathfrak{Sin}\,\mathfrak{g}_1 = \mathfrak{Sin}\,2 = 3{,}627,$$

$$\mathfrak{Cof}\,\mathfrak{g}_2 = \mathfrak{Cof}\,0{,}5 = 1{,}128, \qquad \mathfrak{Sin}\,\mathfrak{g}_2 = \mathfrak{Sin}\,0{,}5 = 0{,}521$$

$$\frac{1}{\mathfrak{Y}_1} = \frac{600}{3{,}627}\,\Omega = 165{,}5\ \Omega,$$

$$\mathfrak{Z}_1 = R_1 = \frac{1}{\mathfrak{Y}}\,(\mathfrak{Cof}\,\mathfrak{g} - 1) = 165{,}5 \cdot 2{,}762\ \Omega = 457\ \Omega,$$

$$\frac{1}{\mathfrak{Y}_2} = \frac{600}{0{,}521}\,\Omega = 1152\ \Omega,$$

$$\mathfrak{Z}_2 = R_2 = 1152 \cdot 0{,}128\ \Omega = 147{,}5\ \Omega.$$

Vergleiche Band II: § 33,2.

§ 5(10) Ausgleichs- und Schaltvorgänge

§ 5(10)1 Einführung

Bei Schaltproblemen (Einschalten, Kurzschließen eines Stromkreises, plötzliches Ändern eines Teilwiderstandes usw.) handelt es sich nicht mehr um ein stationäres Problem, sondern um einen vorübergehenden Zustand. Es ist dann nicht mehr möglich, mit den Effektivwerten von Strom und Spannung und den sie darstellenden Zeitvektoren zu rechnen, sondern man muß auf die Augenblickswerte übergehen und mit ihnen die Differentialgleichungen des Stromkreises aufstellen.

Allgemein kann aber gesagt werden, daß der Übergang von einem stationären Zustand in einen zweiten (wovon einer der beiden natürlich auch der Ruhezustand sein kann) durch eine Ausgleichsfunktion bewerkstelligt wird, die dem endgültigen Zustand überlagert ist und mit der Zeit auf Null abklingt. Ihre Anfangsgröße ist der Differenz zwischen den Größen im ersten und zweiten stationären Zustand gleich, so daß ein kontinuierlicher Übergang von dem ersten in den zweiten Zustand entsteht. Man kann dem beim Gleichungsansatz Rechnung tragen, indem man von vornherein die gesuchte Veränderliche als Summe aus dem stationären und dem flüchtigen Bestandteil ansetzt.

Im allgemeinen wird man aber einfach die Differentialgleichung des Systems aufstellen, die bei linearen Netzen eine lineare Differentialgleichung mit konstanten Koeffizienten sein wird. Die Lösung dieser Differentialgleichungen kann nach den klassischen Verfahren erfolgen, also vor allem durch den versuchsweisen Ansatz einer e-Potenz als Lösung. Das liefert für die homogene Differentialgleichung über die „charakteristische Gleichung" die Exponenten und zusammen mit einer partikulären Lösung das allgemeine Integral, in dem noch die Integrationskonstanten aus den Anfangsbedingungen zu ermitteln sind.

Wesentlich eleganter kommt man zum Ziel durch Anwendung der *Laplace-Transformation*. Danach wird die Differentialgleichung zunächst durch Erweitern mit e^{-pt} und Integration zwischen 0 und ∞ in den *Bildbereich* transformiert, wo sie zu einer algebraischen Gleichung wird und leicht gelöst werden kann. Die Lösung im Bildbereich (als Funktion von p) muß nun wieder in den *Oberbereich* (als Funktion der Zeit t) rücktransformiert werden und liefert dann die endgültige Lösung des Problems. Die Anfangsbedingungen gehen bei diesem Verfahren im Laufe der Rechnung (bei der Transformation in den Bildbereich) von selbst in den Rechnungsgang ein.

Für die Transformationen kommen eine Reihe von Operationen immer wieder vor, so daß diese am besten tabellarisch gesammelt werden, um sich stets wiederkehrende Rechnungen zu sparen. Eine solche Sammlung von Sätzen und Transformationsgleichungen bringen die Tafeln II und III des Anhanges. Sie bringen zusammengehörige Ausdrücke der Funktion f (t) des Oberbereiches mit der durch Laplace-Transformation erhaltenen Funktion

$$\varphi(p) = \int\limits_0^\infty e^{-pt} f(t)\, dt = \mathfrak{L}\{f(t)\}$$

des Bildbereiches, und zwar in Tafel II für allgemeine Rechenoperationen und in Tafel III für spezielle Funktionen.

Der schwierigste Punkt dieses Verfahrens ist meist die Rücktransformation aus dem Bildbereich in den Oberbereich. Man geht hier am besten so vor, daß man durch geschickte algebraische Umformung der erhaltenen Ausdrücke diese so umgestaltet, daß sie die Form bekannter Laplace-Integrale bekommen (also etwa Formen, wie sie die Tafel III nennt), worauf ihre Oberfunktion dann sofort angeschrieben werden kann, wenn noch in allgemeinen Fällen von den Hilfssätzen der Tafel II Gebrauch gemacht wird.

Handelt es sich nicht mehr um lineare Veränderlichkeiten, dann wird die rein mathematische Behandlung meist sehr schwierig, und man greift besser zu einer graphischen Ermittlung, die aber von Fall zu Fall überlegt werden muß.

§ 5(10)2 Rechenbeispiele

1 Einschalten einer Spule an Gleichspannung

Eine Spule mit der Induktivität $L = 0{,}09\,\text{H}$ und dem Widerstand $R = 4\,\Omega$ wird an $U = 120\,\text{V}$ Gleichspannung gelegt.

Wie ist der zeitliche Verlauf des Stromes und wann hat er 99 % seines Endwertes erreicht?

Lösung: Die Differentialgleichung des Stromkreises lautet unter Anwendung des Kirchhoffschen Gesetzes

$$U - iR - L\frac{\mathrm{d}i}{\mathrm{d}t} = 0$$

oder

$$\frac{\mathrm{d}i}{\mathrm{d}t} + \frac{R}{L}\,i = \frac{U}{L}.$$

Die zugehörige homogene Differentialgleichung

$$\frac{\mathrm{d}i_f}{\mathrm{d}t} + \frac{R}{L}\,i_f = 0$$

kann leicht durch Trennung der Variablen

$$\frac{\mathrm{d}i_f}{i_f} = -\frac{R}{L}\,\mathrm{d}t$$

integriert werden:

$$\ln i_f = -\frac{R}{L}\,t + c = -\frac{R}{L}\,t + \ln \bar{c}$$

oder

$$i_f = \bar{c}\,\mathrm{e}^{-\frac{R}{L}t} = \bar{c}\,\mathrm{e}^{-\frac{t}{\tau}}$$

Für $t = \infty$ wird $i_f = 0$; die Lösung der homogenen Differentialgleichung liefert also den flüchtigen Ausgleichsstrom. $\tau = L/R$ ist die *Zeitkonstante* der Spule.

10*

Zur vollständigen Lösung ist noch ein partikuläres Integral der inhomogenen Differentialgleichung zu suchen. Ein solches ergibt sich aus der Überlegung, daß für sehr lange Zeiten $(t \to \infty)$ ein konstanter Strom

$$i_e = \frac{U}{R}$$

fließen muß, der also bereits die gesuchte partikuläre Lösung darstellt $\left(\dfrac{d\,i_e}{dt} = 0\right)$. Das vollständige Integral ist also

$$i = i_e + i_f = \frac{U}{R} + \bar{c}\,e^{-\frac{t}{\tau}}.$$

Zur Bestimmung der Integrationskonstanten dienen die Anfangsbedingungen $i = 0$ für $t = 0$

$$0 = \frac{U}{R} + c, \qquad \bar{c} = -\frac{U}{R},$$

so daß die endgültige Lösung lautet

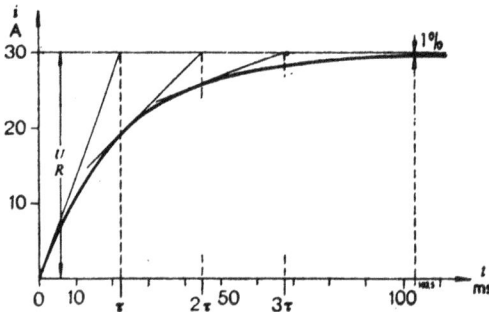

Bild 1 Stromverlauf

$$i = \frac{U}{R}\left(1 - e^{-\frac{t}{\tau}}\right) =$$

$$= 30\left(1 - e^{-\frac{t}{0,0225}}\right) \text{A}.$$

Den Stromverlauf zeigt Bild 1.

Nennt man den Zeitpunkt, an dem der Strom $p = 99\,\%$ seines Endwertes erreicht hat T, so wird

$$p\frac{U}{R} = \frac{U}{R}\left(1 - e^{-\frac{T}{\tau}}\right)$$

oder

$$e^{-T\tau} = 1 - p$$

und

$$T = -\tau \ln(1 - p) = (-0,0225 \ln 0,01)\,\text{s} = 0,0225 \cdot 4,6\,\text{s} = 0,1035\,\text{s}.$$

Vergleiche Band I: § 4231,3. Band II: § 271,1.

2 Abschalten der Erregerwicklung einer Gleichstrommaschine

Die Feldwicklung einer Gleichstrommaschine liefert bei voller Erregung mit $U_e = 600\,\text{V}$ Gleichspannung einen magnetischen Fluß $\Phi = 40\,\text{mVs}$; der Strom beträgt dabei $i_e = 3\,\text{A}$, die Windungszahl der Spule ist $w = 6000$. Beim Abschalten wird zur Vermeidung von Überspannungen parallel zur Wicklung ein Widerstand R_1 gelegt.

Wie groß darf R_1 höchstens sein, damit die Ausschaltspannung unter $1000\,\text{V}$ bleibt?

Welches ist der zeitliche Verlauf des Ausschaltstromes beim höchstzulässigen Wert von R_1 und bei $R_1 = 0$?

L ö s u n g : Nach Bild 1 wird für den Strom beim Umlegen des Schalters in die Ausschaltstellung

$$L \frac{\mathrm{d}i}{\mathrm{d}t} + i(R + R_1) = 0,$$

woraus

$$i = c\, e^{-\frac{R+R_1}{L}t} = c\, e^{-\frac{t}{\tau}}$$

mit

$$\tau = \frac{L}{R + R_1}.$$

Bild 1 Schaltbild

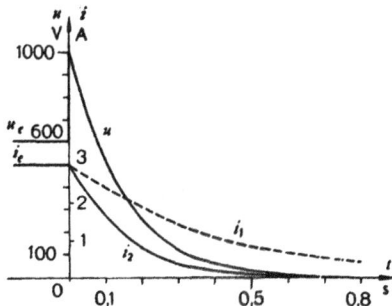

Aus den Anfangsbedingungen

$$i = i_e \quad \text{für} \quad t = 0$$

wird $i_e = c$ und damit

$$i = i_e\, e^{-\frac{t}{\tau}}.$$

Dabei wird

$$L = \frac{\Psi}{i_e} = \frac{w\,\Phi}{i_e} = \frac{6000 \cdot 40 \cdot 10^{-3}}{3} \frac{\mathrm{V\,s}}{\mathrm{A}} = 80\,\Omega\,\mathrm{s}$$

und

$$R = \frac{U_e}{i_e} = \frac{600}{3}\,\Omega = 200\,\Omega.$$

Im Augenblick des Umschaltens fließt der Erregerstrom in seiner ursprünglichen Größe weiter durch den Parallelwiderstand R_1, an dem also die Spannung $i_e R_1$ liegt. Nach Forderung soll diese kleiner als 1000 V bleiben, also

$$R_1 \leqq \frac{1000}{3}\,\Omega = 333\,\Omega.$$

Die Zeitkonstanten sind also

für $R_1 = 0$

$$\tau_1 = \frac{L}{R} = \frac{80}{200}\,\mathrm{s} = 0,4\,\mathrm{s},$$

für $R_1 = 333\,\Omega$

$$\tau_2 = \frac{L}{R + R_1} = \frac{80}{533}\,\mathrm{s} = 0,15\,\mathrm{s}.$$

Damit wird

$$i_1 = 3\,e^{-t/0,4}\,\mathrm{A} \quad \text{und} \quad i_2 = 3\,e^{-t/0.15}\,\mathrm{A} \quad (t \text{ in Sekunden}).$$

Die Spannung springt zunächst von 600 V auf 1000 V und klingt dann gemäß $i_2 R_1$ nach der Gleichung

$$u = 1000\,e^{-t/0,15}\,\mathrm{V}$$

auf Null ab. Die drei Kurven sind im Bild 2 dargestellt.

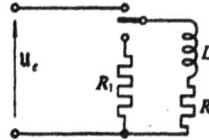

Bild 2 Strom- und Spannungsverlauf

2a Laden und Entladen eines Kondensators

Ein Kondensator mit einer Kapazität $C = 10\,\mu\mathrm{F}$ wird nach Bild 1 mittels einer Spannung $U = 120\,\mathrm{V}$ über die beiden Widerstände $R_1 = 140\,\Omega$ und $R_2 = 100\,\Omega$ aufgeladen. Nach 20 ms wird die Spannungsquelle über den Widerstand R_1 kurzgeschlossen. Vor dem Einschalten ist der Kondensator ladungsfrei.

Wie verläuft der Lade- und Entladestrom und wie groß sind die Zeitkonstanten des Lade- und Entladevorganges?

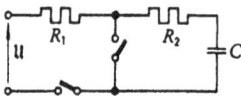

Bild 1 Schaltung

Lösung: Aus dem Ansatz für die Ladung

$$u = (R_1 + R_2)\,i + \frac{1}{C}\int_0^t i\,\mathrm{d}t$$

erhält man durch Differenzieren

$$(R_1 + R_2)\frac{\mathrm{d}i}{\mathrm{d}t} + \frac{1}{C}\,i = 0$$

und durch Trennung der Variablen und Berücksichtigen der Anfangsbedingungen

$$i = \frac{U}{R_1 + R_2}\,\mathrm{e}^{-t/\tau} = 0{,}5\,\mathrm{e}^{-t/\tau_1}\,\mathrm{A}, \qquad \tau_1 = 2{,}4 \cdot 10^{-3}\,\mathrm{s}.$$

Dabei ist zu bedenken, daß der Kondensator im Moment des Einschaltens wie ein Kurzschluß wirkt, also für $t = 0$; $i = U/(R_1 + R_2)$ zu setzen ist.

Für die Entladung wird

$$\frac{\mathrm{d}i}{\mathrm{d}t} + \frac{1}{R\,C}\,i = 0$$

und

$$i = -\frac{U}{R_2}\,\mathrm{e}^{-\frac{t-0{,}02}{\tau_2}} = -1{,}2\,\mathrm{e}^{-\frac{t-0{,}02}{\tau_2}}\,\mathrm{A}; \qquad \tau_2 = 10^{-3}\,\mathrm{s} \qquad (t > 0{,}02\,\mathrm{s}).$$

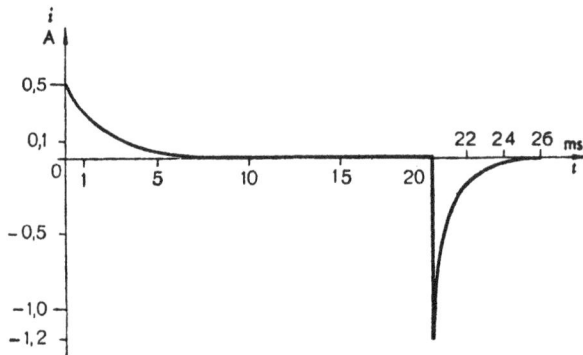

Bild 2 Stromverlauf

Die Anfangsbedingung ist hier

$$u_c = i\,R_2 = -U \quad \text{für} \quad t = 0{,}02\,\mathrm{s},$$

da der Kondensator nach 0,02 s praktisch vollkommen aufgeladen ist, wie sich aus

$$u_c = i \, (R_1 + R_2) - U$$

nachrechnen läßt.

Den Stromverlauf zeigt das Bild 2.

3 Einschalten einer Spule an Wechselspannung

Im Zeitpunkt $t = 0$ wird die Wechselspannung $u = U_m \sin \omega t$ an die im Bild 1 gezeichnete Schaltung gelegt.

Welches ist der zeitliche Verlauf der Spannung an der Spule, wenn

$$R_1 = R_2 = R = 100 \, \Omega, \qquad L = 0,01 \, \text{H},$$
$$U_m = 100 \, \text{V}, \qquad f = 800 \, \text{Hz}$$

sind?

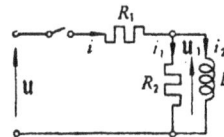

Bild 1
Schaltung der Spule

L ö s u n g : Aus der Anwendung des Kirchhoffschen Gesetzes ist zunächst

$$u - i \, R_1 - i_1 \, R_2 = 0 = u - 2 \, i_1 \, R - i_2 \, R,$$
$$L \frac{d \, i_2}{d t} - i_1 \, R_2 = 0 = L \frac{d i_2}{d t} - i_1 \, R$$

und mit

$$u_L = i_1 \, R,$$
$$2 \, u_L + i_2 \, R = u.$$

Differenziert man diese Gleichung nach t und setzt man für den Differentialquotienten den Ausdruck der zweiten Gleichung ein, so wird

$$\frac{d u_L}{d t} + \frac{R}{2 L} u_L = \frac{1}{2} \frac{d u}{d t} = \frac{\omega \, U_m}{2} \cos \omega t.$$

Durch Laplace-Transformation erhält man daraus

$$p \, \mathcal{L} \{u_L\} - u_L(0) + \frac{R}{2 L} \mathcal{L} \{u_L\} = \frac{\omega \, U_m}{2} \frac{p}{p^2 + \omega^2},$$

woraus mit $u_L(0) = 0$

$$\mathcal{L} \{u_L\} = \frac{\omega \, U_m}{2} \frac{p}{p^2 + \omega^2} \frac{1}{p + \dfrac{R}{2 L}}.$$

Zur Rücktransformation in den Oberbereich ist zunächst festzustellen, daß die zwei Faktoren auf der rechten Seite $\mathcal{L}$-Integrale sind, nämlich laut Tafel III

$$\mathcal{L} \{u_L\} = \frac{\omega \, U_m}{2} \mathcal{L} \{\cos \omega t\} \mathcal{L} \left\{ e^{-\frac{R}{2 L} t} \right\}.$$

Nach dem Faltungssatz (Tafel II) ist daher

$$u_L = \frac{\omega U_m}{2} \int_0^t e^{-\frac{R}{2L}(t-\tau)} \cos \omega \tau \, d\tau = \frac{\omega U_m}{2} e^{-\frac{R}{2L}t} \int_0^t e^{\frac{R}{2L}\tau} \cos \omega \tau \, d\tau.$$

Nun ist aber

$$\int_0^t e^{\frac{R}{2L}\tau} \cos \omega \tau \, d\tau = 2L \frac{R \cos \omega \tau + 2\omega L \sin \omega \tau}{R^2 + (2\omega L)^2} e^{\frac{R}{2L}\tau} \Big|_0^t =$$

$$= \frac{2L}{\sqrt{R^2 + (2\omega L)^2}} \left[(\cos \varphi \cos \omega t + \sin \varphi \sin \omega t) e^{\frac{R}{2L}t} - \cos \varphi \right] =$$

$$= \frac{\sin \varphi}{\omega} \left[e^{\frac{R}{2L}t} \cos (\omega t - \varphi) - \cos \varphi \right],$$

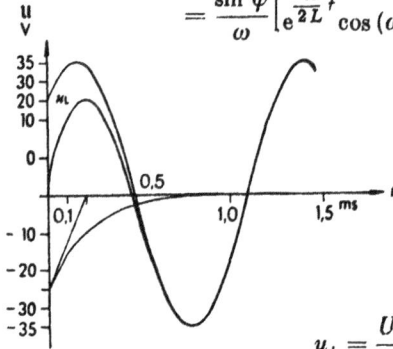

Bild 2 Spannungsverlauf

wenn

$$\varphi = \text{arc cos} \frac{R}{\sqrt{R^2 + (2\omega L)^2}}$$

gesetzt wird $\vartheta \left(0 < \varphi < \frac{\pi}{2} \right).$

Nunmehr wird endgültig

$$u_L = \frac{U_m}{2} \sin \varphi \left[\cos (\omega t - \varphi) - e^{-\frac{R}{2L}t} \cos \varphi \right]$$

oder in Zahlen mit $\cos \varphi = 0,707 = \sin \varphi$, ($\varphi = 45^0$)

$$u_L = [35,4 \cos (286,5\, t - 45)^0 - 25\, e^{-t/0,2}]\, V \qquad (t \text{ in ms}).$$

Den Verlauf des Einschwingvorganges zeigt das Bild 2.

Vergleiche Band II: § 271,2, § 272.

4 Einschalten einer Parallelschaltung
aus Spule und Kondensator an Wechselspannung

Die im Bild 1 dargestellte Widerstandskombination wird an eine Spannungs-quelle mit der Spannung $u = U_m \sin (\omega t + \varphi)$ im Zeitpunkt $t = 0$ angeschaltet. Welches ist der zeitliche Verlauf der Spannung u_L an der Induktivität?

Gegeben sind

$U_m = 100 \sqrt{2} \text{ V},$ $\varphi = -19^0 40',$

$R = 1000 \,\Omega,$ $C = 100 \,\mu\text{F},$

$L = 10 \text{ H},$ $f = 50 \text{ Hz}.$

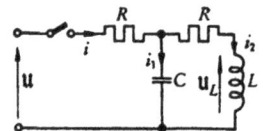

Bild 1 Schaltung
des Schwingkreises

L ö s u n g : Die Spannungsumläufe in den beiden Maschen liefern

$$u - iR - \frac{1}{C}\int i_1\, dt = 0,$$

$$u - iR - i_2 R - L\frac{d i_2}{dt} = 0,$$

woraus durch Subtraktion

$$i_2 R + L\frac{d i_2}{dt} - \frac{1}{C}\int i_1\, dt = 0.$$

Differenziert man diese Gleichung nach der Zeit und erweitert man noch mit CR, so wird, da $i = i_1 + i_2$ ist,

$$CR^2\frac{d i_2}{dt} + CRL\frac{d^2 i_2}{dt^2} - R(i - i_2) = 0,$$

und nach Abzug der zweiten Gleichung hievon

$$CRL\frac{d^2 i_2}{dt^2} + (CR^2 + L)\frac{d i_2}{dt} + 2R i_2 = u = U_m \sin(\omega t + \varphi).$$

Differenziert man nochmals nach der Zeit und beachtet man, daß $L\dfrac{d i_2}{dt} = u_L$ ist, so wird daraus

$$CRL\frac{d^2 u_L}{dt^2} + (CR^2 + L)\frac{d u_L}{dt} + 2R u_L = \omega L U_m \cos(\omega t + \varphi),$$

womit die die Unbekannte u_L bestimmende Differentialgleichung erhalten ist.

Durch Laplace-Transformation wird daraus nach Anwendung des Satzes 6 der Tafel III

$$CRL[p^2 \mathfrak{L}\{u_L\} - p\, \mathrm{u}_L(0) - \mathrm{u}'_L(0)] + (CR^2 + L)[p\,\mathfrak{L}\{u_L\} - \mathrm{u}_L(0)] + 2R\,\mathfrak{L}\{u_L\} =$$
$$= \omega L U_m\, \mathfrak{L}\{\cos(\omega t + \varphi)\}.$$

Unter den darin vorkommenden Anfangswerten für $t = 0$ ist $u_L(0) = 0$, da die Induktivität im Schaltmoment vom Kondensator kurzgeschlossen ist. Damit erhält man die Lösung im Bildbereich

$$\mathfrak{L}\{u_L\} = \frac{\omega L U_m\, \mathfrak{L}\{\cos(\omega t + \varphi)\} + CRL\, \mathrm{u}'_L(0)}{CRL\, p^2 + (CR^2 + L)\, p + 2R}.$$

Zur Übertragung in den Oberbereich sei zunächst versucht, den Kehrwert des Nenners als $\mathfrak{L}$-Integral darzustellen. Dies gelingt durch die folgende Entwicklung

$$\frac{1}{CRL\, p^2 + (CR^2 + L)\, p + 2R} = \frac{1}{CRL\left(p^2 + a_1\, p + \dfrac{2}{CL}\right)} =$$
$$= \frac{1}{CRL a_2} \cdot \frac{a_2}{\left(p + \dfrac{a_1}{2}\right)^2 - a_2^2},$$

worin zur Vereinfachung

$$\frac{C R^2 + L}{C R L} = \frac{R}{L} + \frac{1}{C R} = a_1 \quad \text{und} \quad \sqrt{\left(\frac{a_1}{2}\right)^2 - \frac{2}{C L}} = a_2$$

gesetzt wurden. Der rechts stehende Bruch ist aber, wie die Tafel II zeigt, das Laplace-Integral des hyperbolischen Sinus. Da aber das Argument nicht p, sondern $p + a_1/2$ ist, muß nach dem Dämpfungssatz im Oberbereich noch mit $e^{-\frac{a_1}{2}t}$ multipliziert werden. Es ist also

$$\frac{1}{C R L p^2 + (C R^2 + L) p + 2R} = \frac{1}{C R L a_2} \mathfrak{L}\left\{ e^{-\frac{a_1}{2}t} \mathfrak{Sin}\, a_2\, t \right\}$$

und damit die Lösung im Bildbereich

$$\mathfrak{L}\{u_L\} = \frac{\omega U_m}{C R a_2} \mathfrak{L}\{\cos(\omega t + \varphi)\} \cdot \mathfrak{L}\left\{ e^{-\frac{a_1}{2}t} \mathfrak{Sin}\, a_2\, t \right\} + \frac{u_L'(0)}{a_2} \mathfrak{L}\left\{ e^{-\frac{a_1}{2}t} \mathfrak{Sin}\, a_2\, t \right\}.$$

Sie besteht aus zwei Summanden, von denen der zweite schon als $\mathfrak{L}$-Integral dargestellt ist, also eine unmittelbare Rücktransformation zuläßt. Im ersten Summanden erscheint noch das Produkt zweier $\mathfrak{L}$-Integrale. Dieses ist aber nach dem Faltungssatz, Tafel II, Nr. 8, als einfaches $\mathfrak{L}$-Integral darstellbar. Es wird

$$\mathfrak{L}\{\cos(\omega t + \varphi)\} \cdot \mathfrak{L}\left\{ e^{-\frac{a_1}{2}t} \mathfrak{Sin}\, a_2\, t \right\} =$$

$$= \mathfrak{L}\left\{ \int_0^t \cos(\omega \tau + \varphi)\, e^{-\frac{a_1}{2}(t-\tau)} \mathfrak{Sin}\, a_2(t-\tau)\, d\tau \right\}.$$

Nun ist aber in komplexer Schreibweise

$$\cos(\omega \tau + \varphi) = \mathfrak{Re}\, e^{j(\omega \tau + \varphi)},$$

so daß das Integral, wenn man noch den hyperbolischen Sinus als e-Funktion ansetzt, auch in der Form

$$\int_0^t \mathfrak{Re}\, e^{j(\omega \tau + \varphi)} e^{-\frac{a_1}{2}(t-\tau)} \frac{e^{a_2(t-\tau)} - e^{-a_2(t-\tau)}}{2}\, d\tau =$$

$$= \mathfrak{Re}\, \frac{1}{2} \left\{ e^{j\varphi - \left(\frac{a_1}{2} - a_2\right)t} \int_0^t e^{\left[j\omega + \left(\frac{a_1}{2} - a_2\right)\right]\tau}\, d\tau - e^{j\varphi - \left(\frac{a_1}{2} + a_2\right)t} \int_0^t e^{\left[j\omega + \left(\frac{a_1}{2} + a_2\right)\right]\tau}\, d\tau \right\}$$

geschrieben werden kann.

Setzt man noch die Vereinfachungen

$$a_1/2 + a_2 = 1/T_1 \quad \text{und} \quad a_1/2 - a_2 = 1/T_2$$

und führt man die Integrationen durch, so wird daraus

$$\mathfrak{Re}\, \frac{1}{2} \left\{ \frac{e^{j(\omega t + \varphi)}}{j\omega + \frac{1}{T_2}} - \frac{e^{j\varphi - \frac{t}{T_2}}}{j\omega + \frac{1}{T_2}} - \frac{e^{j(\omega t + \varphi)}}{j\omega + \frac{1}{T_1}} + \frac{e^{j\varphi - \frac{t}{T_1}}}{j\omega + \frac{1}{T_1}} \right\} =$$

$$= \mathfrak{Re}\, \frac{1}{2} \left\{ e^{j(\omega t + \varphi)} \left(\frac{1}{j\omega + \frac{1}{T_2}} - \frac{1}{j\omega + \frac{1}{T_1}} \right) + \frac{e^{j\varphi - \frac{t}{T_1}}}{j\omega + \frac{1}{T_1}} - \frac{e^{j\varphi - \frac{t}{T_2}}}{j\omega + \frac{1}{T_2}} \right\}$$

Darin lassen sich noch einige Vereinfachungen durchführen. So ist

$$\frac{1}{j\omega + \dfrac{1}{T_2}} - \frac{1}{j\omega + \dfrac{1}{T_1}} = \frac{2a_2}{\left(\dfrac{a_1}{2}\right)^2 - a_2^2 - \omega^2 + j\omega a_1} = \frac{-2a_2}{\omega^2 - \dfrac{2}{CL} - j\omega a_1} = \frac{-2a_2}{A\,e^{j\alpha}}$$

mit der Substitution

$$A\,e^{j\alpha} = A\cos\alpha + j\,A\sin\alpha = \omega^2 - \frac{2}{CL} - j\omega a_1,$$

woraus

$$A = \sqrt{\left(\omega^2 - \frac{2}{CL}\right)^2 + (\omega a_1)^2} \quad \text{und} \quad \operatorname{tg}\alpha = \frac{-\omega a_1}{\omega^2 - \dfrac{2}{CL}}.$$

In gleicher Weise führt man vorteilhaft ein

$$j\omega + 1/T_1 = B_1\,e^{j\beta_1} = B_1\cos\beta_1 + j\,B_1\sin\beta_1,$$

mit

$$B_1 = \sqrt{(1/T_1)^2 + \omega^2} \quad \text{und} \quad \operatorname{tg}\beta_1 = \omega T_1$$

und

$$j\omega + 1/T_2 = B_2\,e^{j\beta_2} = B_2\cos\beta_2 + j\,B_2\sin\beta_2$$

mit

$$B_2 = \sqrt{(1/T_2)^2 + \omega^2} \quad \text{und} \quad \operatorname{tg}\beta_2 = \omega T_2.$$

Setzt man dies alles ein, so erhält man zunächst für das Faltungsintegral

$$\mathfrak{Re}\,\frac{1}{2}\left\{-e^{j(\omega t + \varphi)}\frac{2a_2}{A}e^{-j\alpha} + e^{j\varphi - \frac{t}{T_2}}\frac{e^{j\beta_1}}{B_1} - e^{j\varphi - \frac{t}{T_2}}\frac{e^{-j\beta_2}}{B_2}\right\} =$$

$$= \mathfrak{Re}\,\frac{1}{2}\left\{-\frac{2a_2}{A}e^{j(\omega t + \varphi - \alpha)} + \frac{e^{-\frac{t}{T_1}}}{B_1}e^{j(\varphi - \beta_1)} - \frac{e^{-\frac{t}{T_2}}}{B_2}e^{j(\varphi - \beta_2)}\right\} =$$

$$= -\frac{a_2}{A}\cos(\omega t + \varphi - \alpha) + \frac{e^{-\frac{t}{T_1}}}{2B_1}\cos(\varphi - \beta_1) - \frac{e^{-\frac{t}{T_2}}}{2B_2}\cos(\varphi - \beta_2).$$

Für den zweiten Teil der Lösungsgleichung erhält man

$$\frac{u'_L(0)}{a_2}\,\mathfrak{L}\left\{e^{-\frac{a_1}{2}t}\,\mathfrak{Sin}\,a_2 t\right\} = \mathfrak{L}\left\{\frac{u'_L(0)}{2a_2}e^{-\frac{a_1}{2}t}(e^{a_2 t} - e^{-a_2 t})\right\} =$$

$$= \mathfrak{L}\left\{\frac{u'_L(0)}{2a_2}\left(e^{-\frac{t}{T_2}} - e^{-\frac{t}{T_1}}\right)\right\}.$$

Damit wird nun die Lösung im Oberbereich

$$u_L = -\frac{\omega U_m}{CR}\frac{\cos(\omega t + \varphi - \alpha)}{A} + \frac{\omega U_m}{2CR a_2}\frac{\cos(\varphi - \beta_1)}{B_1}e^{-\frac{t}{T_1}} -$$

$$- \frac{\omega U_m}{2CR a_2}\frac{\cos(\varphi - \beta_2)}{B_2}e^{-\frac{t}{T_2}} + \frac{u'_L(0)}{2a_2}e^{-\frac{t}{T_2}} - \frac{u'_L(0)}{2a_2}e^{-\frac{t}{T_1}}.$$

Darin ist noch u'_L (0) zu bestimmen. Aus der ursprünglichen Differential-gleichung für i_2 erhält man durch Einsetzen von $\dfrac{d\,i_2}{d\,t} = \dfrac{u_L}{L}$

$$C R \frac{d\,u_L}{d\,t} + \frac{C R^2 + L}{L} u_L + 2 R\, i_2 = U_m \sin(\omega\,t + \varphi).$$

Nun ist aber im Augenblick des Zuschaltens für $t = 0$

$$u_L = 0 \quad \text{und} \quad i_2 = 0,$$

so daß

$$C R\, u'_L (0) = U_m \sin\varphi$$

und

$$u'_L (0) = \frac{U_m \sin\varphi}{C R}.$$

Damit wird nun endgültig

$$u_L = \frac{U_m}{2\,C R\,a_2}\left[\frac{\omega\cos(\varphi-\beta_1)}{B_1} - \sin\varphi\right] \mathrm{e}^{-\frac{t}{T_1}} - \frac{U_m}{2\,C R\,a_2}\left[\frac{\omega\cos(\varphi-\beta_2)}{B_2} - \sin\varphi\right]\mathrm{e}^{-\frac{t}{T_2}} +$$

$$+ \frac{\omega\,U_m}{C R A}\cos(\omega\,t + \varphi - \alpha).$$

Führt man jetzt die Zahlenwerte ein, so erhält man

$$a_1 = (100 + 10)\frac{1}{\mathrm{s}} = 110\,\frac{1}{\mathrm{s}}; \qquad T_1 = \frac{1}{87}\,\mathrm{s} = 0,0115\,\mathrm{s};$$

$$a_2 = \sqrt{55^2 - 2000}\,\frac{1}{\mathrm{s}} = 32\,\frac{1}{\mathrm{s}}; \qquad T_2 = \frac{1}{23}\,\mathrm{s} = 0,0435\,\mathrm{s};$$

$$\mathrm{tg}\,\alpha = \frac{-314\cdot 110}{98700 - 2000} = -0,357; \qquad \alpha = -19^0\,40';$$

$$A = \sqrt{96700^2 + (314\cdot 110)^2}\,\frac{1}{\mathrm{s}^2} = 102,5\cdot 10^3\,\frac{1}{\mathrm{s}^2};$$

$$\mathrm{tg}\,\beta_1 = 314\cdot 0,0115 = 3,61; \qquad \beta_1 = 74^0\,30';$$

$$B_1 = \sqrt{87^2 + 98700}\,\frac{1}{\mathrm{s}} = 326\,\frac{1}{\mathrm{s}};$$

$$\mathrm{tg}\,\beta_2 = 314\cdot 0,0435 = 13,65; \qquad \beta_2 = 85^0\,15';$$

$$B_2 = \sqrt{23^2 + 98700}\,\frac{1}{\mathrm{s}} = 315\,\frac{1}{\mathrm{s}};$$

$$\frac{U_m}{C R} = \frac{100\cdot\sqrt{2}\cdot 10^6}{100\cdot 1000}\frac{\mathrm{V}}{\mathrm{s}} = 10^3\sqrt{2}\,\frac{\mathrm{V}}{\mathrm{s}};$$

$$\cos(\varphi - \beta_1) = \cos(-94^0\,10') = -\sin 4^0\,10' = -0,073;$$

$$\cos(\varphi - \beta_2) = \cos(-105^0\,30') = -\sin 15^0\,30' = -0,267;$$

$$\sin\varphi = \sin(-19^0\,40') = -0,3366.$$

Damit wird

$$u_L = \left[\frac{10^3 \sqrt{2}}{2 \cdot 32} \left(0{,}3366 - \frac{314 \cdot 0{,}073}{326} \right) e^{-\frac{t}{0{,}0115}} - \right.$$

$$\left. - \frac{10^3 \sqrt{2}}{2 \cdot 32} \left(0{,}3366 - \frac{314 \cdot 0{,}267}{315} \right) e^{-\frac{t}{0{,}0435}} - \frac{314 \cdot 10^3 \cdot \sqrt{2}}{102{,}5 \cdot 10^3} \cos 314\, t \right] V$$

oder

$$u_L = \left[5{,}87\, e^{-\frac{t}{0{,}0115}} - 1{,}54\, e^{-\frac{t}{0{,}0435}} - 4{,}33 \cos (18^0 \cdot 10^3\, t) \right] V.$$

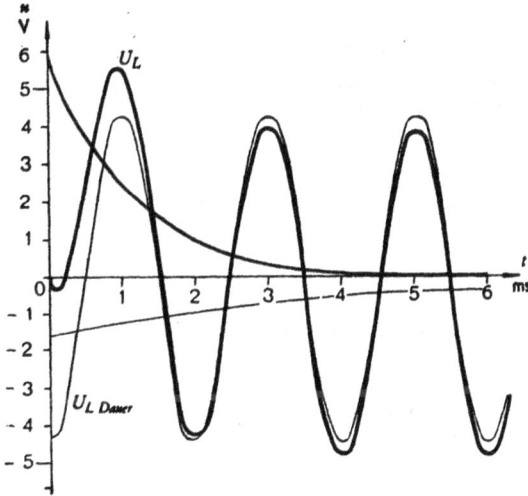

Bild 2 Spannungsverlauf

Der Verlauf der Spannung ist im Bild 2 dargestellt. Im Ursprung ist die Richtung der Kurve gegeben durch

$$u'_L (0) = - 10^3 \sqrt{2} \cdot 0{,}3366\, \frac{V}{s} = -476\, \frac{V}{s}$$

in Übereinstimmung mit dem aus der Ergebnisgleichung abgeleiteten Differential-quotienten

$$u'_L (0) = (-87 \cdot 5\,87 + 23 \cdot 1{,}54)\, \frac{V}{s} = (-511 + 35)\, \frac{V}{s} = -476\, \frac{V}{s}.$$

Vergleiche Band II: § 272,2. § 272,3.

§ 5(11) Wirbelströme

§ 5(11)1 Einführung

Befinden sich metallische Körper in magnetischen Wechselfeldern, so werden in ihnen elektromotorische Kräfte induziert, die elektrische Ströme bewirken. Die entstehenden Strombahnen sind zunächst aber nicht vorgeschrieben und hängen in erster Linie von der Form und dem Leitermaterial ab. Diese oft recht schwierig zu ermittelnde Strömung wird Wirbelströmung genannt. Zu ihrer Berechnung geht man von den beiden Maxwellschen Grundgleichungen

$$\operatorname{rot} \mathfrak{H} = \mathfrak{G} = \varkappa \, \mathfrak{E} \quad \text{(Durchflutungsgesetz)},$$

$$\operatorname{rot} \mathfrak{E} = - \frac{\partial \mathfrak{B}}{\partial t} \quad \text{(Induktionsgesetz)}$$

aus, zu denen noch die Kontinuitätsgleichungen

$$\operatorname{div} \mathfrak{G} = 0 \quad \text{und} \quad \operatorname{div} \mathfrak{B} = 0$$

treten und in die man die Ortsabhängigkeit der Feldgrößen, meist unter Ausnutzung vorhandener Symmetrieverhältnisse, in entsprechender Form einführt. Man erhält so die Differentialgleichungen der Feldgrößen, deren Integration dann oft noch erhebliche Schwierigkeiten bei der Berücksichtigung der Randbedingungen aufweist.

Entsprechende Vereinfachungen erhält man bei achsial- und kugelsymmetrischen Fällen durch Einführung von Zylinder- und Kugelkoordinaten.

§ 5(11)2 Rechenbeispiele

1 Widerstand eines Kupferdrahtes bei hochfrequentem Wechselstrom

Wie groß ist der Wirkwiderstand und die innere Induktivität eines zylindrischen Kupferdrahtes von der Länge $l = 1$ km und dem Durchmesser $2a = 5$ mm bei Gleichstrom und Wechselstrom von 2000 und 20 000 Hz?

Die Leitfähigkeit des Kupfers betrage $\varkappa = 57$ Sm/mm², seine Permeabilitätszahl $\mu = 1$.

Lösung: Infolge der achsialen Symmetrie hat die magnetische Feldstärke auf jedem konzentrischen Kreis um die Leiterachse denselben Wert. Elektrische Feldstärke und Stromdichte sind ferner überall achsial gerichtet, wie es das Bild 1 zeigt.

Es ist daher in Zylinderkoordinaten

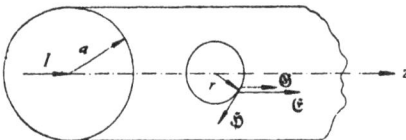

Bild 1 Lage der Feldgrößen

$$\operatorname{rot} \mathfrak{H} = \operatorname{rot}_z \mathfrak{H} = \frac{1}{r} \frac{\partial}{\partial r}(r \, \mathfrak{H}) = \varkappa \, \mathfrak{E},$$

$$\operatorname{rot} \mathfrak{E} = \operatorname{rot}_\varphi \mathfrak{E} = - \frac{\partial \mathfrak{E}}{\partial r} = - \frac{\partial \mathfrak{B}}{\partial t}$$

$$= - \mu \frac{\partial \mathfrak{H}}{\partial t},$$

da

$$\mathfrak{H}_r = \mathfrak{H}_z = 0, \qquad \mathfrak{E}_r = \mathfrak{E}_\varphi = 0,$$
$$\mathfrak{H}_\varphi = \mathfrak{H}, \qquad \mathfrak{E}_z = \mathfrak{E}.$$

Voraussetzungsgemäß sollen sich die Feldgrößen zeitlich sinusförmig ändern; sie können dann in der komplexen Form

$$\mathfrak{H} = \mathfrak{H}_m \, e^{j \omega t} \quad \text{und} \quad \mathfrak{E} = \mathfrak{E}_m \, e^{j \omega t}$$

dargestellt werden, so daß die Grundgleichungen lauten

$$\operatorname{rot} \mathfrak{H} = \varkappa \, \mathfrak{E} = \frac{1}{r} \frac{\partial}{\partial r} (r \, \mathfrak{H}) = \frac{1}{r} \, \mathfrak{H} + \frac{\partial \mathfrak{H}}{\partial r},$$

$$\operatorname{rot} \mathfrak{E} = - \, j \, \omega \, \mu \, \mathfrak{H} = - \frac{\partial \mathfrak{E}}{\partial r}.$$

Differenziert man die zweite Gleichung nochmals nach r

$$\frac{\partial^2 \mathfrak{E}}{\partial r^2} = j \, \omega \, \mu \, \frac{\partial \mathfrak{H}}{\partial r}$$

und setzt dies in die erste Gleichung ein, so wird

$$\varkappa \, \mathfrak{E} = \frac{1}{j \, \omega \, \mu} \frac{1}{r} \frac{\partial \mathfrak{E}}{\partial r} + \frac{1}{j \, \omega \, \mu} \frac{\partial^2 \mathfrak{E}}{\partial r^2},$$

oder mit

$$- \, j \, \omega \, \varkappa \, \mu = k^2,$$

$$\frac{\partial^2 \mathfrak{E}}{\partial r^2} + \frac{1}{r} \frac{\partial \mathfrak{E}}{\partial r} + k^2 \, \mathfrak{E} = 0.$$

Die Lösung dieser Differentialgleichung lautet

$$\mathfrak{E} = C \, J_0 \, (k \, r),$$

wobei

$$J_0 \, (k \, r) = 1 - \frac{1}{1!^2} \left(\frac{k \, r}{2} \right)^2 + \frac{1}{2!^2} \left(\frac{k \, r}{2} \right)^4 - \frac{1}{3!^2} \left(\frac{k \, r}{2} \right)^6 + \cdots$$

Ebenso findet man jetzt mit $J_0' = - J_1$ die magnetische Feldstärke

$$\mathfrak{H} = \frac{1}{j \, \omega \, \mu} \frac{\partial \mathfrak{E}}{\partial r} = - \frac{k}{j \, \omega \, \mu} \, C \, J_1 \, (k \, r).$$

Die Konstante C ergibt sich aus dem Durchflutungsgesetz

$$2 \, a \, \pi \, \mathfrak{H}_a = I = - \, 2 \, a \, \pi \, \frac{k}{j \, \omega \, \mu} \, C \, J_1 \, (k \, a)$$

zu

$$C = \frac{k}{2 \, a \, \pi \, \varkappa} \, \frac{I}{J_1 \, (k \, a)},$$

so daß schließlich

$$\mathfrak{E} = \frac{k \, I}{2 \, a \, \pi \, \varkappa} \, \frac{J_0 \, (k \, r)}{J_1 \, (k \, a)}$$

und

$$\mathfrak{G} = \varkappa \, \mathfrak{E} = \frac{k \, I}{2 \, a \, \pi} \, \frac{J_0 \, (k \, r)}{J_1 \, (k \, a)}.$$

Der Spannungsabfall an der Leiteroberfläche ist für die Länge l

$$I \, (R + j \, \omega \, L_i) = l \, \mathfrak{E}_a = \frac{k \, I \, l}{2 \, a \, \pi \, \varkappa} \, \frac{J_0 \, (k \, a)}{J_1 \, (k \, a)},$$

so daß mit dem Gleichstromwiderstand

$$R_0 = \frac{l}{\varkappa a^2 \pi},$$

$$\frac{R + j\omega L_i}{R_0} = \frac{ka}{2} \frac{J_0(ka)}{J_1(ka)}.$$

Aus der angeführten Reihendarstellung und der Gleichung für J_0' ergibt sich jetzt

$$\frac{R + j\omega L_i}{R_0} = \frac{ka}{2} \frac{1 - \left(\frac{ka}{2}\right)^2 + \frac{1}{4}\left(\frac{ka}{2}\right)^4 - \cdots}{\left(\frac{ka}{2}\right) - \frac{1}{2}\left(\frac{ka}{2}\right)^3 + \cdots} = \frac{1 - \left(\frac{ka}{2}\right)^2 + \frac{1}{4}\left(\frac{ka}{2}\right)^4 - \cdots}{1 - \frac{1}{2}\left(\frac{ka}{2}\right)^2 + \frac{1}{12}\left(\frac{ka}{2}\right)^4 - \cdots},$$

oder

$$\frac{R + j\omega L_i}{R_0} = 1 - \frac{1}{2}\left(\frac{ka}{2}\right)^2 - \frac{1}{12}\left(\frac{ka}{2}\right)^4 - \cdots =$$

$$= 1 + j\frac{1}{2}\left(\frac{|k|a}{2}\right)^2 + \frac{1}{12}\left(\frac{|k|a}{2}\right)^4 - j\frac{1}{48}\left(\frac{|k|a}{2}\right)^6 \cdots$$

Für $\dfrac{|k|a}{2} < 1$ wird daraus

$$\frac{R}{R_0} = 1 + \frac{1}{12}\left(\frac{|k|a}{2}\right)^4, \qquad \frac{\omega L_i}{R_0} = \frac{1}{2}\left(\frac{|k|a}{2}\right)^2 - \frac{1}{48}\left(\frac{|k|a}{2}\right)^6.$$

Für kleine $\dfrac{|k|a}{2} > 1$ gilt die Näherungsformel

$$\frac{R}{R_0} = \frac{|k|a}{2\sqrt{2}} + \frac{1}{4} + \frac{3}{64\,\frac{|k|a}{2\sqrt{2}}}, \qquad \frac{\omega L_i}{R_0} = \frac{|k|a}{2\sqrt{2}} - \frac{3}{64\,\frac{|k|a}{2\sqrt{2}}}.$$

Ist $\dfrac{|k|a}{2}$ sehr groß, dann wird mit $J_0/J_1 = j$

$$\frac{R + j\omega L_i}{R_0} = j\frac{ka}{2} = j\frac{a}{2}\sqrt{-j\omega\varkappa\mu} = \frac{a}{2\sqrt{2}}\sqrt{\omega\varkappa\mu}\,(1+j),$$

also

$$\frac{R}{R_0} = \frac{\omega L_i}{R_0} = \frac{a}{2\sqrt{2}}\sqrt{\omega\varkappa\mu} = \frac{a}{2}\sqrt{\pi f \varkappa\mu}.$$

Bei hohen Frequenzen wächst $\mathfrak{S}$ mit r sehr stark an. Der Strom fließt also hauptsächlich in einer vergleichsweise dünnen Oberflächenschicht. Nimmt man in erster Annäherung an, daß die Verteilung in dieser Schicht von der Dicke d konstant ist, dann läßt sich d aus dem Widerstandsverhältnis

$$\frac{R}{R_0} = \frac{a^2 \pi}{2a\pi d} = \frac{a}{2}\sqrt{\pi f \varkappa\mu}$$

rechnen. Sie ergibt sich zu

$$d = 1 / \sqrt{\pi f \varkappa \mu}$$

und wird als *Eindringtiefe* bezeichnet.

Mit den Zahlenwerten wird nun für Gleichstrom

$$R_0 = \frac{1}{6{,}25 \cdot \pi \cdot 57} \frac{\text{km mm}^2}{\text{mm}^2 \text{ S m}} = 0{,}894 \, \Omega.$$

Für Wechselstrom von $f = 2000$ Hz erhält man

$$\frac{|k|a}{2} = \frac{a}{2} \sqrt{\omega \varkappa \mu} = 1{,}25 \sqrt{2 \cdot \pi \cdot 2 \cdot 10^3 \cdot 57 \cdot 1{,}256 \cdot 10^{-8} \cdot \frac{\text{S m } \Omega \text{ s}}{\text{s mm}^2 \text{ cm}}} \text{ mm} = 1{,}19$$

und damit

$$R = 0{,}894 \left(1 + \frac{1{,}19^4}{12} \right) \Omega = 1{,}05 \, \Omega,$$

$$\omega L_i = \frac{0{,}894}{2} 1{,}19^2 \left(1 - \frac{1{,}19^4}{24} \right) \Omega = 0{,}58 \, \Omega, \qquad L_i = \frac{0{,}58}{4 \cdot \pi \cdot 10^3} = 46 \, 2 \, \mu\text{H}.$$

Bei $f = 20\,000$ Hz erhält man

$$\frac{|k|a}{2} = 1{,}19 \sqrt{10} = 3{,}76,$$

$$R = 0{,}894 \left(\frac{3{,}76}{\sqrt{2}} + \frac{1}{4} + \frac{3 \sqrt{2}}{64 \cdot 3{,}76} \right) \Omega = 2{,}62 \, \Omega,$$

$$\omega L_i = 0{,}894 \left(\frac{3{,}76}{\sqrt{2}} - \frac{3 \sqrt{2}}{64 \cdot 3{,}76} \right) \Omega = 2{,}36 \, \Omega, \qquad L_i = \frac{2{,}36}{4 \cdot \pi \cdot 10^4} = 18{,}7 \, \mu\text{H}.$$

Die Eindringtiefe ist

$$d = \frac{1}{\sqrt{\pi f \varkappa \mu}} = \frac{2{,}5}{\sqrt{2} \cdot 3{,}76} \text{ mm} = 0{,}47 \text{ mm}.$$

Vergleiche Band I: § 4234,3. Band II: § 15,4.

2 Feldverdrängung in einem Blechpaket

Ein aus 1 mm starken Blechen geschichtetes Paket von der Höhe $h = 3{,}7$ cm und der Gesamtbreite $c = 4$ cm (s. Bild 1) wird von einem Wechselfluß von $(\Phi_{\text{Ges}})_{max} = 20\,000$ M durchsetzt. Infolge der auftretenden Wirbelströme wird das magnetische Feld in den einzelnen Blechen gegen die Oberflächen verdrängt.

Wie groß ist die Induktion an den Blechrändern, wenn die Leitfähigkeit des Bleches $\varkappa = 8$ S m/mm², die Permeabilitätszahl $\mu = 200$ ist und die Frequenz $f = 1000$ Hz beträgt?

Lösung: Wendet man ein Koordinatensystem nach Bild 1 an und geht man von den Maxwellschen Gleichungen

$$\operatorname{rot} \mathfrak{H} = \mathfrak{G},$$

$$\operatorname{rot} \mathfrak{E} = -\frac{\partial \mathfrak{B}}{\partial t}$$

in der Integralform

$$\oint \mathfrak{H}\,d\mathfrak{s} = I = \mathfrak{G}\,d\mathfrak{f} = \varkappa \mathfrak{E}\,d\mathfrak{f},$$

$$\oint \mathfrak{E}\,d\mathfrak{s} = -\frac{\partial \Phi}{\partial t} = -\mu\frac{\partial \mathfrak{H}}{\partial t}\,d\mathfrak{f}$$

aus, so wird für die beiden, im Bild eingetragenen, unendlich schmalen Umläufe

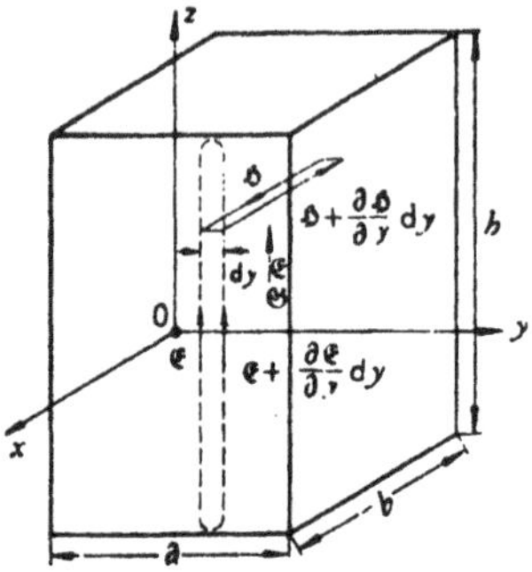

Bild 1
Lage der Feldgrößen

$$\mathfrak{H}\,b - \left(\mathfrak{H} + \frac{\partial \mathfrak{H}}{\partial y}\,dy\right)b = \varkappa \mathfrak{E}\,b\,dy$$

und

$$\left(\mathfrak{E} + \frac{\partial \mathfrak{E}}{\partial y}\,dy\right)h - \mathfrak{E}\,h = -\mu\frac{\partial \mathfrak{H}}{\partial t}\,h\,dy,$$

woraus

$$-\frac{\partial \mathfrak{H}}{\partial y} = \varkappa \mathfrak{E},$$

$$\frac{\partial \mathfrak{E}}{\partial y} = -\mu\frac{\partial \mathfrak{H}}{\partial t}$$

und mit

$$\mathfrak{H} = \mathfrak{H}_m\,e^{j\omega t} \quad \text{und} \quad \mathfrak{E} = \mathfrak{E}_m\,e^{j\omega t}$$

$$-\frac{\partial \mathfrak{H}_m}{\partial y} = \varkappa \mathfrak{E}_m,$$

$$\frac{\partial \mathfrak{E}_m}{\partial y} = -j\,\omega\,\mu\,\mathfrak{H}_m.$$

Das ergibt nach nochmaliger Differentiation die Differentialgleichung

$$\frac{\partial^2 \mathfrak{E}_m}{\partial y^2} = j\,\omega\,\varkappa\,\mu\,\mathfrak{E}_m$$

für $\mathfrak{E}_m$. Macht man zur Lösung den Ansatz

$$\mathfrak{E}_m = A\,e^{a y},$$

so wird

$$A\,a^2\,e^{a y} = j\,\omega\,\varkappa\,\mu\,A\,e^{a y},$$

woraus

$$a = \pm\sqrt{j}\,\sqrt{\omega\varkappa\mu} = \pm\frac{1+j}{\sqrt{2}}\,\sqrt{\omega\varkappa\mu} = \pm(1+j)\sqrt{\pi f\varkappa\mu} = \pm(1+j)\,b,$$

wenn zur Vereinfachung

$$b = \sqrt{\pi f \varkappa \mu}$$

gesetzt wird. Die Lösung der Differentialgleichung lautet also

$$\mathfrak{E}_m = A_1\, e^{(1+j)by} + A_2\, e^{-(1+j)by}$$

und daraus

$$\mathfrak{H}_m = -\frac{1}{j\,\omega\,\mu}\frac{\partial \mathfrak{E}_m}{\partial y} = -\frac{1+j}{j\,\omega\,\mu}\, b\,(A_1\, e^{(1+j)by} - A_2\, e^{-(1+j)by}).$$

Die Konstanten A_1 und A_2 findet man aus den Grenzbedingungen für $y = \pm\dfrac{\delta}{2}$, wo $\mathfrak{H} = \mathfrak{H}_0$ sein soll. Also

$$\mathfrak{H}_{0\,m} = -\frac{1+j}{j\,\omega\,\mu}\, b\left(A_1\, e^{(1+j)b\frac{\delta}{2}} - A_2\, e^{-(1+j)b\frac{\delta}{2}}\right)$$

und

$$\mathfrak{H}_{0\,m} = -\frac{1+j}{j\,\omega\,\mu}\, b\left(A_1\, e^{-(1+j)b\frac{\delta}{2}} - A_2\, e^{(1+j)b\frac{\delta}{2}}\right),$$

woraus

$$A_1 = -A_2 = -\frac{j\,\omega\,\mu\,\mathfrak{H}_{0\,m}}{(1+j)\,b\,2\,\mathfrak{Cof}\,(1+j)\,b\dfrac{\delta}{2}},$$

so daß

$$\mathfrak{H}_m = -\frac{1+j}{j\,\omega\,\mu}\, b\, A_1\, 2\,\mathfrak{Cof}\,(1+j)\,b\,y = \mathfrak{H}_{0\,m}\frac{\mathfrak{Cof}\,(1+j)\,b\,y}{\mathfrak{Cof}\,(1+j)\,b\,\delta/2}.$$

Damit erhält man den Maximalwert des durch das Blech tretenden magnetischen Flusses

$$\Phi_m = \int\limits_{-\frac{\delta}{2}}^{+\frac{\delta}{2}} \mu\,\mathfrak{H}_m\, h\, \mathrm{d}y = \frac{2\,\mu\,h}{(1+j)\,b}\,\mathfrak{H}_{0\,m}\,\mathfrak{Tg}\,(1+j)\,b\,\frac{\delta}{2},$$

woraus

$$\mathfrak{B}_{0\,m} = \mu\,\mathfrak{H}_{0\,m} = \frac{(1+j)\,b}{2\,h}\,\Phi_m\,\mathfrak{Ctg}\,(1+j)\,b\,\frac{\delta}{2}.$$

Der Betrag von $\mathfrak{B}_{0\,m}$ ist

$$|\mathfrak{B}_{0\,m}| = \frac{b\,\Phi_m}{\sqrt{2}\,h}\left|\mathfrak{Ctg}\,(1+j)\,b\,\frac{\delta}{2}\right|.$$

Nun ist aber

$$\left|\mathfrak{Ctg}\,(1+j)\,\frac{\delta}{2}\right| = \frac{\left|\mathfrak{Cof}\,(1+j)\,b\,\dfrac{\delta}{2}\right|}{\left|\mathfrak{Sin}\,(1+j)\,b\,\dfrac{\delta}{2}\right|} = \frac{\left|\mathfrak{Cof}\,\dfrac{b\,\delta}{2}\cos\dfrac{b\,\delta}{2} - j\,\mathfrak{Sin}\dfrac{b\,\delta}{2}\sin\dfrac{b\,\delta}{2}\right|}{\left|\mathfrak{Sin}\,\dfrac{b\,\delta}{2}\cos\dfrac{b\,\delta}{2} + j\,\mathfrak{Cof}\dfrac{b\,\delta}{2}\sin\dfrac{b\,\delta}{2}\right|} =$$

$$= \frac{\sqrt{\mathfrak{Cof}^2\dfrac{b\,\delta}{2}\cos^2\dfrac{b\,\delta}{2} + \mathfrak{Sin}^2\dfrac{b\,\delta}{2}\sin^2\dfrac{b\,\delta}{2}}}{\sqrt{\mathfrak{Sin}^2\dfrac{b\,\delta}{2}\cos^2\dfrac{b\,\delta}{2} + \mathfrak{Cof}^2\dfrac{b\,\delta}{2}\sin^2\dfrac{b\,\delta}{2}}} = \frac{\sqrt{\mathfrak{Cof}^2\dfrac{b\,\delta}{2} - \sin^2\dfrac{b\,\delta}{2}}}{\sqrt{\mathfrak{Cof}^2\dfrac{b\,\delta}{2} - \cos^2\dfrac{b\,\delta}{2}}}.$$

Beachtet man noch, daß

$$\mathfrak{Cof}^2\, x = \frac{1 + \mathfrak{Cof}\, 2x}{2}, \qquad \cos^2 x = \frac{1 + \cos 2x}{2}, \qquad \sin^2 x = \frac{1 - \cos 2x}{2},$$

so wird

$$\left| \mathfrak{Ctg}\,(1 + j)\, b\, \frac{\delta}{2} \right| = \frac{\sqrt{\mathfrak{Cof}\, b\,\delta + \cos b\,\delta}}{\sqrt{\mathfrak{Cof}\, b\,\delta - \cos b\,\delta}}$$

und damit

$$\left| \mathfrak{B}_{0\,m} \right| = \frac{b\,\varPhi_m}{\sqrt{2}\,h} \sqrt{\frac{\mathfrak{Cof}\, b\,\delta + \cos b\,\delta}{\mathfrak{Cof}\, b\,\delta - \cos b\,\delta}}.$$

Mit Zahlenwerten wird zunächst

$$b = \sqrt{\pi / \varkappa\,\mu} = \sqrt{\pi \cdot 10^3 \cdot 8 \cdot 1{,}256 \cdot 10^{-8} \cdot 200 \cdot 10^2}\ \mathrm{mm}^{-1} = 2{,}51\ \mathrm{mm}^{-1}$$

und

$$b\,\delta = 2{,}51.$$

Es ist dann mit

$$\mathfrak{Cof}\, b\,\delta = \mathfrak{Cof}\, 2{,}51 = 6{,}19, \qquad \cos b\,\delta = \cos 2{,}51 = -0{,}81,$$

$$\frac{\sqrt{\mathfrak{Cof}\, b\,\delta + \cos b\,\delta}}{\sqrt{\mathfrak{Cof}\, b\,\delta - \cos b\,\delta}} = \sqrt{\frac{5{,}38}{7}} = 0{,}876.$$

Jedes Blech führt den maximalen Flußanteil

$$\varPhi_m = (\varPhi_{\mathrm{Ges}})_m\, \frac{\delta}{c} = 20000\, \frac{1}{40}\ \mathrm{M} = 500\ \mathrm{M}.$$

Es ist also die Randinduktion

$$\left| \mathfrak{B}_{0\,m} \right| = \frac{2{,}51 \cdot 500}{\sqrt{2} \cdot 3{,}7}\, 0{,}876\ \frac{\mathrm{M}}{\mathrm{mm\ cm}} = 2100\ \mathrm{G}$$

gegenüber

$$\frac{(\varPhi_{\mathrm{Ges}})_m}{c\,h} = \frac{20000}{4 \cdot 3{,}7}\ \mathrm{G} = 1350\ \mathrm{G},$$

wie sich ergeben würde, wenn sich der Gesamtfluß ohne Wirbelströme gleichmäßig auf den ganzen Querschnitt aufteilen würde.

Vergleiche Band I: § 4234,3. Band II: § 114,5.

Sachverzeichnis

Zu Tafel I

Naturkonstanten

Naturkonstante	
Name	Zahlenwert
Elementarladung	$e = 1{,}60 \cdot 10^{-19}\,\mathrm{C}$
Ruhemasse des Elektrons	$m_e = 9{,}1 \cdot 10^{-28}\,\mathrm{g}$
Plancksches Wirkungsquantum	$h = 6{,}62 \cdot 10^{-34}\,\mathrm{J\,s}$
Loschmidtsche Zahl.	$L = 6{,}025 \cdot 10^{23}$
Äquivalentladung	$F = 96\,525\,\mathrm{C}$
Induktionskonstante	$\mu_0 = 1{,}257 \cdot 10^{-6}\,\dfrac{\mathrm{V\,s}}{\mathrm{A\,m}} = 1{,}256\,\dfrac{\mathrm{G\,cm}}{\mathrm{A}}$
Influenzkonstante	$\varepsilon_0 = 8{,}854 \cdot 10^{-12}\,\dfrac{\mathrm{A\,s}}{\mathrm{V\,m}}$
Gaskonstante	$k = 1{,}3803 \cdot 10^{-27}\,\dfrac{\mathrm{W\,s}}{\mathrm{Grad}}$
Lichtgeschwindigkeit im Vakuum	$c = 2{,}9979 \cdot 10^{8}\,\mathrm{m\,s^{-1}}$

Tafel I

Die wichtigsten Einheiten

Die fettgedruckten Einheiten bilden das kohärente natürliche Maßsystem

Größe		Einheit		Umrechnungen
Name	Zeichen	Name	Abkürzung	
Länge	l	**Meter** Zentimeter Mikron Ångström	**m** cm μ Å	$1\ km = 10^3\ m = 10^5\ cm$ $1\ mm = 10^{-1}\ cm = 10^{-3}\ m$ $1\ \mu = 10^{-3}\ mm = 10^{-4}\ cm = 10^{-6}\ m$ $1\ Å = 10^{-8}\ cm = 10^{-1}\ m\mu = 10^{-10}\ m$
Zeit	t	**Sekunde** Minute Stunde	**s** min h	$1\ h = 60\ min = 3600\ s$
Energie Arbeit	W A	**Joule** Erg Meterkilopond	**J** — m kp	$1\ J = 10^7\ Erg = 10^7\ dyn\ cm = 1\ W\ s$ $1\ J = N\ m = 0.102\ m\ kp$ $1\ m\ kp = 9.81\ W\ s$
Leistung	N	**Watt** Pferdestärke	**W** PS	$1\ W = 1\ J\ s^{-1} = 1\ N\ m\ s^{-1} = 0,102\ m\ kp\ s^{-1}$ $1\ PS = 75\ m\ kp\ s^{-1} = 736\ W$
Kraft	P	**Newton** Dyne Pond	**N** dyn p	$1\ N = 10^5\ dyn = 0,102\ kp = 1\ kg\ m\ s^{-2}$ $1\ kp = 10^3\ p = 9.81\ N = 9,81\ J\ m^{-1}$ $1\ N = 1\ J\ m^{-1}$
Druck	p	— Atmosphäre Torr	$N\ m^{-2}$ at —	$1\ at = 1\ kp\ cm^{-2} = 736\ Torr$ $1\ at = 98,1 \cdot 10^3\ N\ m^{-2}$
Masse	m	**Kilogramm**	**kg**	$1\ kg = 10^3\ g = 1\ W\ s^3\ m^{-2} = 1\ N\ s^2\ m^{-1}$
Ladung	Q	**Coulomb**	**C**	$1\ C = 1\ A\ s = 3 \cdot 10^9\ Priestley\ (Pr)$
Stromstärke	I	**Ampere**	**A**	
Verschiebung	$\mathfrak{D}$	—	$C\ m^{-2}$	
magnetische Erregung (Feldstärke)	$\mathfrak{H}$	— Oersted	$A\ m^{-1}$ Ö	$1\ Ö = \dfrac{10^3}{4\pi}\ A\ m^{-1}$
Leitwert	G	**Siemens**	**S**	$1\ S = 1\ \Omega^{-1} = 1\ V\ A^{-1}$
Kapazität	C	**Farad**	**F**	$1\ F = 1\ C\ V^{-1} = 1\ S\ s$
magnetischer Fluß	Φ	**Weber** Maxwell	**Wb** M	$1\ Wb = 1\ V\ s = 10^8\ M = 10^4\ G\ m^2$ $1\ M = 10^{-8}\ V\ s = 10^{-8}\ Wb = 10^{-4}\ G\ m^2 = 1\ G$
elektrische Spannung	U	**Volt**	**V**	
magnetische Feldstärke (Induktion)	$\mathfrak{B}$	— Gauß	$V\ s\ m^{-2}$ G	$1\ G = 10^{-4}\ V\ s\ m^{-2} = 10^{-4}\ Wb\ m^{-2} = 10^4\ M\ n$ $1\ V\ s\ cm^{-2} = 10^8\ G$
elektrische Feldstärke	$\mathfrak{E}$	—	$V\ m^{-1}$	
Widerstand	R	**Ohm**	Ω	$1\ \Omega = 1\ V\ A^{-1} = 1\ S^{-1}$
Induktivität	L	**Henry**	**H**	$1\ H = 1\ V\ s\ A^{-1} = 1\ \Omega\ s$

Hilfssätze zur Laplace-Transformation

Nr.	Oberbereich $F(t)$	Bildbereich $\varphi(p) = \mathfrak{L}\{F(t)\}$	Benennung
1	$F_1(t) + F_2(t)$	$\varphi_1(p) + \varphi_2(p)$	Additionssatz
2	$F(at+b)$ ×)	$\dfrac{1}{a}\, e^{-\frac{b}{a}p}\, \varphi\left(\dfrac{p}{a}\right)$ ×)	
2a	Sonderfall $b=0;\ F(at)$ ×)	$\dfrac{1}{a}\,\varphi\left(\dfrac{p}{a}\right)$ ×)	Ähnlichkeitssatz
2b	$a=1;\ F(t+b)$	$e^{-bp}\,\varphi(p)$	Verschiebungssatz
3	$\dfrac{1}{a}\, e^{-\frac{b}{a}t}\, F\left(\dfrac{t}{a}\right)$ ×)	$\varphi(ap+b)$ ×)	
3a	Sonderfall $b=0;\ \dfrac{1}{a}\,F\left(\dfrac{t}{a}\right)$ ×)	$\varphi(ap)$ ×)	
3b	$a=1;\ e^{-bt}\,F(t)$	$\varphi(p+b)$	Dämpfungssatz
4	$\displaystyle\int_0^t F(\tau)\,d\tau$	$\dfrac{1}{p}\,\varphi(p)$	Integrationssatz
5	$\dfrac{F(t)}{t}$	$\displaystyle\int_p^\infty \varphi(p)\,dp$	Divisionssatz
6	$\dfrac{d^n}{dt^n}F(t) = F^{(n)}(t)$	$p^n\,\varphi(p) - [p^{n-1}\,F(0) + {}$ $+\, p^{n-2}\,F'(0) + \cdots + F^{(n-1)}(0)]$	
7	$(-1)^n\, t^n\, F(t)$	$\dfrac{d^n}{dp^n}\,\varphi(p)$	Multiplikationssatz
8	$\displaystyle\int_0^t F_1(\tau)\cdot F_2(t-\tau)\cdot d\tau =$ $=\displaystyle\int_0^t F_1(t-\tau)\cdot F_2(\tau)\,d\tau$ ✝)	$\varphi_1(p)\cdot\varphi_2(p) = \mathfrak{L}\{F_1(t)\}\cdot\mathfrak{L}\{F_2(t)\}$	Faltungssatz

Anmerkung: ×) „a reell und positiv",

✝) wenn die $\mathfrak{L}$-Integrale von F_1 und F_2 existieren.

Einige wichtige Laplace-Transformationen

Nr.	Oberfunktion $F(t)$	Bildfunktion $\varphi(p) = \mathfrak{L}\{F(t)\}$	Bemerkung
1	1	$\dfrac{1}{p}$	
2	t	$\dfrac{1}{p^2}$	
3	$\dfrac{t^n}{n!}$	$\dfrac{1}{p^{n+1}}$	n ganzzahlig und positiv
4	t^n	$\dfrac{\Pi(n)}{p^{n+1}}$	$\mathfrak{Re}\, n < -1$
5	$\dfrac{1}{\sqrt{\pi t}}$	$\dfrac{1}{\sqrt{p}}$	
6	$2\sqrt{\dfrac{t}{\pi}}$	$\dfrac{1}{p\sqrt{p}}$	
7	$e^{\pm at}$	$\dfrac{1}{p \mp a}$	$\mathfrak{Re}\, p > \mathfrak{Re}\, a$
8	$1 - e^{-at}$	$\dfrac{a}{p(p+a)}$	
9	$t\, e^{-at}$	$\dfrac{1}{(p+a)^2}$	
10	$e^{-a_1 t} - e^{-a_2 t}$	$\dfrac{a_2 - a_1}{(p+a_1)(p+a_2)}$	
11	$\sin a t$	$\dfrac{a}{p^2 + a^2}$	
12	$e^{-bt} \sin a t$	$\dfrac{a}{(p+b)^2 + a^2}$	
13	$\cos a t$	$\dfrac{p}{p^2 + a^2}$	
14	$e^{-bt} \cos a t$	$\dfrac{p+b}{(p+b)^2 + a^2}$	
15	$\mathfrak{Sin}\, a t$	$\dfrac{a}{p^2 - a^2}$	
16	$\mathfrak{Cof}\, a t$	$\dfrac{p}{p^2 - a^2}$	
17	$J_0(a t)$	$\dfrac{1}{\sqrt{p^2 + a^2}}$	
18	$J_0(j a t)$	$\dfrac{1}{\sqrt{p^2 - a^2}}$	
19	$J_1(a t)$	$\dfrac{1}{a} - \dfrac{p}{\sqrt{p^2 + a^2}}$	

www.ingramcontent.com/pod-product-compliance
Lightning Source LLC
Chambersburg PA
CBHW081559190326
41458CB00015B/5658